Andrew Kolin

·

Irrationality of Capitalism and Climate Change

Prospects for an Alternative Future

Lexington Books

Lanham / Boulder / New York / London

2022

Эндрю Колин

·

Иррациональность капитализма и изменение климата

Перспектива альтернативного будущего

Academic Studies Press

Библироссика

Бостон / Санкт-Петербург

2023

УДК 504.03
ББК 20.1
К60

Перевод с английского Настасьи Вахтиной

Серийное оформление и оформление обложки Ивана Граве

Изображение на обложке — Петр Кратохвил

Колин, Эндрю.

К60   Иррациональность капитализма и изменение климата. Перспектива альтернативного будущего [пер. с англ. Н. Вахтиной]. — СПб.: Academic Studies Press / Библиороссика, 2023. — 176 с. — (Серия «Глобальные исследования в области экологии и окружающей среды» = «Global Environmental Studies»).

ISBN 979-8-887194-80-6 (Academic Studies Press)
ISBN 978-5-907767-22-5 (Библиороссика)

Книга Эндрю Колина демонстрирует, что корни разрушения человеком природы напрямую связаны с происхождением капитализма — социальной системы, в которой воспроизводство капитала в глобальном масштабе разрушительно для окружающей среды. Автор начинает с философского анализа роли, которую разум и страсть играют в социальных системах, а затем прослеживает экологические последствия стимулируемой ими деятельности. Колин утверждает, что перед современными государствами стоит глобальная задача — разработать жизнеутверждающую политику, которая функционировала бы как альтернатива глобальному опустошению.

УДК 504.03
ББК 20.1

ISBN 979-8-887194-80-6
ISBN 978-5-907767-22-5

Введение

Существуют многочисленные научные доказательства реальности изменения климата. Наука в итоге пришла к выводу о том, что климат изменяется в результате взаимодействия человека с окружающей средой. Нарушающее гармонию природы изменение климата как результат наших действий — индикатор дисгармонии нашей человеческой природы. Рациональные и иррациональные части человеческой природы препятствуют функционированию природной среды обитания. Политика в области экологии, кажущаяся рациональной, на деле оказывается иррациональной. Иррациональные действия только кажутся разумными. Выраженность рациональной и иррациональной составляющих природы человека проявляется в контексте общественной системы. Рациональное и иррациональное производятся и воспроизводятся в общественной системе, понимаемой в историческом контексте. Существуют критерии для оценки тех или иных вариантов поведения. Критерии, используемые для определения и оценки рациональности поведенческих моделей, соотносятся с целью повышения качества жизни, способствующей поступкам, которые минимизируют социальный и экологический вред.

И наоборот, иррациональное поведение оценивается как поведение, мотивированное страстным личным интересом и направленное на ослабление социального единства и на раздробленность различных социальных сегментов. Общественная система, которая производит и воспроизводит иррациональные, движимые корыстью страсти, в конечном счете приводит к политике и действиям, наносящим ущерб окружающей среде. Экологическая политика, занятая изменением климата, придает особое значение роли разума и страсти в производстве и воспроизводстве социальных систем. Подход к проблеме изменения климата, способствующий достижению рациональных нравственных целей, ведет к выработке политики, не наносящей ущерба окружающей среде. Научные доказательства реальности изменения климата свидетельствуют о том, что существующая общественная система иррациональна. Иррациональное стремление к разрушению, означающему разрушение планеты, ведет к нигилизму. Пренебрежение размахом и масштабами изменений среды также является актом когнитивного диссонанса, отказом от рациональных, моральных и общих для человечества целей. Поскольку политика, приводящая к изменению климата, все время воспроизводится, становится очевидным, что иррациональная общественная система берет верх над возможной рациональной. Общественная система, которая превыше всего ценит собственное воспроизводство и считает, что в этом заключается развитие человеческой цивилизации, приводит к обратному — к неуклонному снижению качества жизни.

Присущая общественным системам иррациональность пробуждается, когда люди стремятся преобразовать природную среду. Изменения окружающей среды начались в доиндустриальный и индустриальный периоды. В доиндустриальный период они были локальными или региональными, но не глобальными. Глобальными они стали во времена промышленной революции. Предварительным условием изменений среды в доиндустриальную эпоху была сельскохозяйственная революция, заключавшаяся в, как правило, насильственном захвате дополнительных земель. Геноцидные войны часто приводили к захвату земель, вследствие чего увеличивались выбросы CO_2 и метана в атмосферу. Инструментальная рациональность на службе довлеющих над всем империалистических устремлений к захвату привела к экологической трансформации землепользования. С другой стороны, европейский империализм породил явление, известное как колумбов обмен[1], в результате которого в незападный мир попали многие новые виды сельскохозяйственных культур и домашнего скота. Вместе с тем обратной стороной такого обмена стал рост вырубки лесов. В Южной Америке повсюду есть регионы, пострадавшие от загрязнения воздуха и воды. Испанское завоевание Южной Америки было основной причиной загрязнений, связанных с различными предприятиями по добыче полезных ископаемых. Выбросы углерода, производимые в этом регионе в доиндустриальную эпоху, не прекратились и в период промышленной революции, лишь спровоцировавшей общий объем выбросов. Нежелание в тот исторический период понимать, насколько безрассудное вмешательство в мир природы губительно для природы и для качества человеческого существования, служит примером когнитивного диссонанса. Когда общество начинает использовать инструментальную рациональность для еще большей эксплуатации окружающей среды, когнитивный диссонанс усиливается. В исторической перспективе это приводит к отчуждению человека как вида от окружающей среды и нарушает его связь с ней.

По мере развития промышленной революции геноцидные практики в отношении окружающей среды продолжают свою глобальную атаку. Геноцид разворачивается на уровне намерения физически уничтожить какую-либо группу людей с помощью действий, которые разрывают, разобщают и разрушают взаимодействие человека и окружающей среды. Основной чертой всех практик геноцида является овеществление предполагаемых жертв. Такое же овеществление происходит и в отношении природы. Идеология, служащая оправданием практик геноцида, низводит жертв до уровня животных. Массовые убийства людей и животных проводятся в соответствии со стандартными процедурами. Примеры массовых убийств в промышленном мас-

---

[1] Колумбов обмен — термин, впервые использованный в 1972 году американским историком Альфредом Кросби для описания глобального перемещения человеческих популяций, животных, сельскохозяйственных культур, заболеваний, технологий и идей между Старым и Новым Светом в XV–XVI веках, связанного с европейской колонизацией и торговлей после первой экспедиции Христофора Колумба в 1492–1493 годах. — *Прим. ред.*

штабе в XX веке показывают одержимость скоростью и эффективностью, служащими для того, чтобы нормализовать деструктивное, быстрое изъятие ресурсов из окружающей среды. Все формы жизни на Земле ощущают на себе развитие технологий, которые эксплуатируют природный мир и наносят ему вред. Право на существование является центральным правом, заявленным во Всеобщей декларации прав человека. При этом какие-либо упоминания о правах окружающей среды и правах видов, отличных от человека, в документе отсутствуют.

Практики геноцида, направленные против прочих видов и против физического мира, во Всеобщую декларацию прав человека не попали, но они фигурируют в развернутом определении геноцида, предложенном Рафаэлем Лемкиным. Это определение учитывает действия, направленные на подрыв человеческих и отличных от человеческих форм жизни. Лемкин говорит в основном об этноциде. В случае массовых убийств можно использовать концепцию экоцида, возникшую в начале 1970-х годов и описывающую экологический ущерб Вьетнаму в результате использования реагента-дефолианта «оранж». Экоцид включает в себя действия, которые являются преднамеренными или непреднамеренными. Это вред, причиняемый людьми прочим формам жизни и планете. Действия, направленные на причинение вреда планете, связывают экоцид с геноцидом. Под действиями, которые представляют собой экоцид, понимаются конкретные процессы, угрожающие существованию планеты. Внутренние служебные записки и исследования, проведенные в топливной промышленности, показывают, что информация об ущербе, причиняемом окружающей среде в результате использования ископаемого топлива, известна. На самом деле более чем две трети выбросов парниковых газов происходит по вине около девяноста компаний. Из недавнего Отчета о глобальных рисках Всемирного экономического форума за 2021 год стало известно, что если человечество не предпримет серьезных усилий для смягчения последствий изменения климата и адаптации к этим изменениям, то люди столкнутся с «самыми серьезными рисками, которые касаются сообществ всего мира».

Согласно Всемирной организации здравоохранения между 2023 и 2050 годами ожидается около 250 000 преждевременных смертей, вызванных изменением климата. Ухудшение качества жизни, связанное с изменением климата, означает, что загрязнение воздуха влияет на здоровье органов дыхательной системы. На более жаркой планете из-за повышенных температур растет число смертельных случаев и заболеваний. В разогревшихся океанах страдает подводная жизнь, истощаются такие виды, как моллюски и ракообразные, служащие источником пропитания разных рыб, птиц и млекопитающих. 2016 и 2020 годы стали самыми жаркими. В США и Канаде в 2021 году сообщения о рекордной жаре, засухах и природных пожарах поступали отовсюду. Эти примеры — индикаторы экоцида с характеристиками геноцида, так как действия, которые привели к нему, являются намеренными и разрушительными для окружающей среды. Экоцид приобретает черты геноцида, когда воздействие, направленное на разрушение человека и других форм жизни, приводит к разрушению природной среды. Экоцид становится геноцидом, если его разрушительное действие направлено на связь между человеком и прочими формами жизни. Рассмотрим, например, американских бизонов и отношение к этому виду со стороны коренных жителей Америки. Бизоны были жизненно важной частью местной культуры, источником пищи и одежды. Намеренный геноцид коренных народов частично совпал с уничтожением бизонов. Этот и другие примеры служат иллюстрацией того, как геноцид, выраженный как экоцид, приводит к нарушению экологической связи между людьми и прочими формами жизни. Идеология геноцида в форме экоцида отрицает, что уничтожение человеком прочих форм жизни коррелирует с воздействием на людей. Как будто человеческий и природный миры существуют отдельно и не связаны между собой!

Люди продолжают нарушать гармонию окружающей среды, отчасти признаваясь, что разрушают ее. В то же время они не способны разработать оригинальные решения, позволяющие природе функционировать гармонично. Помимо признаний, что люди являются причиной нарушения гармонии, отсутствует волеустремление к адекватным действиям. Так, с полным осознанием пагубного влияния пестицидов, которые тоже были придуманы людьми, в 1990-х годах были разработаны неоникотиноиды, которые используются без всякого учета их долгосрочных последствий. Компании-разработчики так торопились разрекламировать применение этих инсектицидов, что даже не провели тщательных испытаний. О тестировании задумались уже после того, как эти препараты стали использоваться. Попытки разработать альтернативу были предприняты только тогда, когда обнаружилось, что неоникотиноидные пестициды препятствуют размножению медоносных пчел. Главное — внедрить технологические новшества для преобразования сельского хозяйства; сложные взаимодействия и процессы в природе, а также вред, который могут нанести такие препараты, остаются без внимания.

В недавнем отчете Всемирного фонда дикой природы[2] говорится, что с 1970 года популяция млекопитающих, птиц, рыб и рептилий сократилась на 60 %. Несмотря на это, нет глобальных инициатив для обращения процесса вспять. Межправительственная группа экспертов по изменению климата (МГЭИК)[3] бьет тревогу, приводя доказательства того, что к 2040 году температура Земли повысится не на 1,5°, как считалось ранее, а более чем на 2°. Это может окончиться глобальной катастрофой:

> ...таяние ледяных щитов преодолеет критическую точку, в текущем столетии десятки крупных городов мира будут затоплены. По имеющимся оценкам, при таком уровне потепления мировой ВВП на душу населения сократится на 13 %. Еще 400 000 000 человек будут страдать от нехват-

---

[2] Начиная с 1998 года отчет «Живая планета» публикуется Всемирным фондом дикой природы каждые два года. Автор цитирует отчет, опубликованный в 2018 году. — *Прим. ред.*

[3] Межправительственная группа экспертов по изменению климата (МГЭИК) — организация, основанная в 1988 году Всемирной метеорологической организацией и Программой ООН по окружающей среде с целью осуществления оценки рисков, связанных с изменением климата. — *Прим. ред.*

ки воды, и даже в северных широтах каждое лето от жары будут умирать тысячи людей. Ситуация будет хуже в экваториальном поясе. В Индии многие города-миллионники станут невыносимо жаркими, волн экстремальной жары будет в 32 раза больше, каждая волна будет длиться в пять раз дольше, подвергая воздействию в общей сложности в 93 раза больше людей. На практике речь идет о 2° — и это наш самый оптимистичный климатический сценарий [Wells 2018].

Если человечество хочет избежать климатической катастрофы, МГЭИК рекомендует полностью пересмотреть приоритеты общества и принять программу, равносильную глобальному плану Маршалла. Вопрос в том, как обеспечить политическую волю для такого масштабного решения? Всеобщие последствия изменения климата представляют собой видимое свидетельство иррациональной дисгармонии между человечеством и окружающей средой. Идея антропоцена находится на стыке различных дисциплин, но их все объединяет общая основная идея о том, что человек — главная сила, изменяющая функционирование Земли, действующая не в меньшей, а даже в большей степени, чем силы природы. Потеря биоразнообразия, связанная с изменением климата, в настоящее время сравнима разве лишь с массовым вымиранием, произошедшим более 65 миллионов лет назад, когда ¾ видов растений и животных, включая динозавров, исчезли с лица Земли.

Начиная с освоения огня и изобретения орудий, люди всегда влияли на окружающую их среду. Со временем они стали охотниками и собирателями, затем занялись сельским хозяйством, и их влияние на природную среду выросло. Ко времени промышленной революции в конце XVIII века уже было определенное понимание, что деятельность человека глобально влияет на природу. В 1778 году граф де Бюффон заявил: «Вся поверхность Земли несет отпечаток силы человека». Он оптимистично считал, что люди будут ответственными администраторами Земли. С течением времени ученые перестали разделять его оптимизм. Когда очевидным стало уничтожение лесов и произошли другие события, ученые стали более пессимистично относиться к результатам изменений окружающей среды. Социалист-утопист Шарль Фурье в 1821 году с тревогой писал о том, что промышленный капитализм будет сеять хаос на планете.

> Многие писатели начала XIX века создавали кошмарные образы антропогенной климатической катастрофы. Метеорологи и агрономы говорили о физиологии растений и находили преступную причину всевозможных погодных явлений — суровых зим, засух, ураганов и обильных осадков — в том, что вырубались леса. Беспокойство по поводу изменения климата было широко распространено в европейских научных кругах. ...после извержения вулкана Тамбора в Индонезии в апреле 1815 года Европа пережила серию аномальных погодных явлений и неурожаев. В результате научные сообщества во Франции, в Швейцарии и Англии предприняли исследования климата, указывая на вероятность антропогенных причин его изменения [Fressoz 2015].

Не только Фурье, но и другие философы-социалисты XIX века ссылались, в частности, на новаторскую работу Юстуса фон Либиха, теоретически обосновавшего концепцию метаболического разрыва. Теория Либиха повлияла на размышления Карла Маркса об окружающей среде, особенно в третьем томе «Капитала».

Уточним, что промышленный капитализм не был причиной изменения климата. Процесс начался в раннем доиндустриальном периоде. Изменили природу люди, выступившие как действующая сила, отличная от окружающей среды, но считающая, что окружающая среда — это нечто, что необходимо завоевать. Влияние людей сперва было локальным, затем региональным, а потом стало глобальным. Со временем область влияния капитализма стала всеобщей: простирая свою власть над физической структурой природы, он изменил взаимодействие человека с окружающей средой. Капитализм функционирует как глобальная сила, представляющая деперсонализированную волю капиталистической общественной системы. Капитализм — это историческая кульминация исходных тенденций общественных систем к росту и экспансии. С этим глобальным расширением, особенно с 1945 года и по настоящее время, связаны значительное ускорение и экспоненциальный рост производства и потребления. В результате человечество превратилось в физическую силу, способную также действовать как сила геологическая.

История значительного изменения климата развернулась во время подъема промышленного капитализма. С того момента и до настоящего времени преемственность капитализма ассоциируется с непрекращающимся наступлением на окружающую среду. Человечество существует как часть природного мира и в связи с ним. Поскольку климат продолжает меняться, а мир природы становится из-за этого все более дисфункциональным, упадок, переживаемый окружающей средой, связан с упадком человеческой цивилизации. Неспособность серьезно реагировать на изменение климата связана с иррациональной общественной системой, которая развивается за счет разрушения. Пока капитализм совершает экспансию, он предстает как рациональная общественная система, стремящаяся заменить предыдущую систему. Со временем капитализм становится просто рациональным фасадом, поскольку он сначала создает, а затем разрушает. В процессе создания новой формы организации общества капитализм также подрывает ее актами творческого разрушения. Это происходит, когда капитализм стремится уничтожить все ценное, не связанное с воссозданием капитала. Капитализм формально использует инструментальный разум, необходимый для продолжения его существования, но в дальнейшем отказывается от общих нравственных целей. Эта иррациональность по мере самовоспроизведения капитализма происходит независимо от причиняемого им обществу вреда. Любые преобразования капитализма происходят за счет окружающей среды. Его цель состоит в том, чтобы просто грабить — брать все, что ему требуется. Эта иррациональность действует таким образом для того, чтобы завоевать окружающую среду. Накапливая ради накопления, капитализм не ищет рациональных пределов своего роста. Любые препятствия накоплению капитала, которые временно останавливают это стремление к накоплению, сталкиваются с проблемами, которые выражаются в общественном кризисе. В психологическом плане это проявление системного невроза, компенсируемого по мере того, как капитал стремится ускорить нанесение общественного вреда по мере усиления эксплуатации труда.

Стоит рассмотреть возможность рациональной общественной системы, не наносящей вреда обществу и окружающей среде. Существуют аргументы в поддержку социализма, представляющего собой рациональную общественную систему, которая стремится к общим нравственным целям. В отсутствие воспроизводства капитала и причиняемого им общественного вреда труд при социализме оказывается действительно свободным. Без капитала больше нет необходимости в капиталистах и в классовой борьбе между ними и трудящимися. Общественное воспроизводство не связано с необходимостью неограниченного роста, а это означает, что социалистическая общественная система способна установить гармоничные отношения с окружающей средой.

Глава 1
Разум, страсть
и изменение климата

Изменение климата. Стоимость и направление решения этой проблемы понимаются с точки зрения конструктивной реакции социальной системы, которая либо ищет средства борьбы с изменением климата, либо продолжает разрушать окружающую среду. Необходимо учитывать то, в какой степени используются рациональные моральные критерии в решениях, связанных с изменением климата. При отсутствии каких-либо моральных соображений разрушение окружающей среды продолжается, и движет им страстный эгоизм. На протяжении всей истории западной политической мысли существовал раскол между ее теоретиками: одни утверждали, что политика движима страстями, другие выступали за рациональность.

Идея рациональной нравственной политической системы возникла в греческой политической теории, начиная с Платона. Наиболее явно она выражена в сократическом диалоге «Государство», где Платон выдвигает концепцию рационального нравственного, или идеального, государства, которое является выражением идеи справедливости. Справедливое государство развивается и в конечном счете становится результатом стремления к справедливости. Такое государство всецело гармонично. Платон утверждал, что верховная власть является благом только тогда, когда рациональные и нравственные качества правителей связаны с теми, кем они управляют. Изменение в стремлении к общей нравственной цели по мере ослабления справедливости приводит к тому, что государство отдаляется от идеального состояния.

По мере распада государства происходит увеличение несправедливости, а страсть начинает играть главенствующую роль.

Здесь есть интересное противоречие между идеальным государством и процессом его распада. Идеальное государство, по Платону, развивается в связи с социальной психологией его граждан, для которых стремление к справедливости первично. В результате жизнеутверждающая деятельность приводит к увеличению общего блага. Концепция справедливости как общего блага в «Государстве» Платона является жизнеутверждающей, что также подчеркивается в «Пире». Здесь Платон описывает утверждение жизни, проявляющееся в форме Эроса — любителя мудрости, находящегося в поиске истины как объекта. Философ — это не просто любитель мудрости любви в ее высшей форме. Философия — это стремление улучшить жизнь, позволить человечеству достичь высшего уровня цивилизованного существования. В «Федре» Платон подчеркивает, что философствовать означает также повышать свой потенциал и жить в гармонии с другими людьми. В диалоге «Федр» Платон определяет функцию Эроса — давать и усиливать жизнь. Эрос направлен на служение потребностям людей и приводит их к высшему стремлению к справедливости, что порождает справедливое общество. Это единство рационального и морального ведет к появлению общества, живущего в гармонии с природой. Платон предвидел, что страсти при отсутствии рационального нравственного руководства в конечном итоге приводят к появлению разрушительной политики.

Разрушительная политика, ведомая корыстью, негативно влияет на природу. Такая политика сводит Эрос на нет и продвигает меры, наносящие вред и вызывающие снижение качества цивилизованной жизни. Концепция Платона о жизни в гармонии с другими людьми в социальной среде, использующей рациональные нравственные средства для создания справедливого общества, соответствует духу греческой науки. Наука в Древней Греции исследовала физический мир, пытаясь объяснить функционирование материи и других физических сил как взаимосвязанных частей природного мира. Признавая, что люди являются частью природы, софисты также определяли людей как отличных от природы и живущих согласно договоренностям. Материализм греческой науки — это понимание взаимозависимости элементов окружающей среды, выраженной в виде последовательной закономерности. Как утверждал Левкипп: «Ничто не происходит случайно, но все по причине и по необходимости». Древнегреческие ученые определяли природу как упорядоченную систему, а софисты считали, что именно общество создает порядок на основе договоренностей.

В отличие от Платона, Аристотель основывал свою науку о политике на возможности создания стабильного политического порядка с точки зрения связи человеческой натуры с порядком, существующим в природе. С очевидными последствиями для понимания человечества и окружающей среды как науки о целях. Этот телеологический подход к единству людей и природы раскрывается, подобно подходу Платона, в терминах рационального и нравственного стремления к справедливости. Поскольку Аристотель определяет политическую науку как главную из наук, он анализирует различные шаги, ведущие к формированию правительства как высшей формы объединения людей. Используя апоретический метод, он создает теорию правления, основанную на понимании различных форм. Аристотель тщательно изучил и определил формы правления с точки зрения конкретных противоречий, содержащихся в каждой форме, — они несовершенны, и все же каждая содержит элемент истины.

Далее Аристотель рассматривает сущность государства с точки зрения его устройства, которое определяется с позиции целей верховной власти. Оно также представляет собой систему правосудия. Независимо от формы правления, люди зависят от государства во всех сферах жизнедеятельности. Смысл человеческая жизнь получает именно через государство; выступая в роли нравственного воспитателя, прививающего нравственные добродетели гражданам — активным участникам процесса принятия решений, государство занимается формированием поведения. Поскольку Аристотель анализирует конкретные виды государственного устройства, существуют критерии, которые определяют функционирование каждой из них. Форма государственного устройства определяет принцип распределения государственных должностей и функции каждой из них. Прежде всего суть каждой формы государственного устройства в ее цели — нравственном существовании, установленном обществом. По сути, различные формы государственного устройства в большей или меньшей степени олицетворяют справедливость и преследуют ее. Принципы государственного устройства отражают цели государства. Государства, преследующие добродетельные цели, называются правильными государствами, а противоположные им государства, которые не стремятся к добродетели, являются отклонениями[1]. Правильные виды государственного устройства добродетельны с точки зрения представительства немногих или большинства, это монархия, аристократия и полития. Отклонения от указанных видов устройства — тирания, олигархия и демократия. Фундаментальное различие между правильным устройством и извращенным — в интересах, которым государство служит. Правильная власть управляет в общих интересах, в то время как извращенное правительство — только в своих личных. Аристотель последователен в использовании своего апоретического метода. Он указывает на недостаток количественных классификаций форм правления и считает, что наилучшие критерии для понимания видов государственного устройства — это оценки тех, кого они представляют. При определении формы государственного устройства именно социальный класс определяет, является ли форма правления демократией или олигархией. Другие формы основаны лишь на количестве тех, кого они представляют: одного, немногих или большинство. Олигархическая форма правления основывается на доминирующей роли принципа богатства для немногих. При демократии борьба заключается в том, чтобы массы сформулировали политику для продвижения своих интересов, в которой доминирующим принципом является свобода. Из анализа классовых различий, проведенно-

---

[1] Подробные размышления Аристотеля о правильных видах государственного устройства и об отклонениях от них содержатся в «Политике». См. [Аристотель 2021].

го Аристотелем, очевидно, что классовость подрывает стремление к справедливому обществу.

В отличие от Платона, который не считает, что стабильное, идеальное государство справедливости может быть достижимо, Аристотель выдвигает идею наилучшей практической формы правления, которая может быть справедливой. До того, как Маркс представил анализ классов в капиталистической общественной системе, Аристотель видел, что причина несправедливости в обществе коренится в разделении на классы. Большой разрыв между классом очень богатых и классом очень бедных является показателем социального неравенства и несправедливости. В качестве социального и политического решения классовых конфликтов Аристотель предлагает иметь стабильный средний класс. Тот не является ни богатым, ни бедным и отстранен от классовых конфликтов. Аристотель и Маркс считают отмену классовых различий необходимым условием для существования справедливого общества. У Аристотеля средний класс как политическое средство схож с упразднением классов в марксизме. Платон и Аристотель придерживаются единого мнения, когда дело доходит до оценки идеального политического порядка. Они оба считают идеальным порядок, при котором преследуются рациональные нравственные цели. Решения, принимаемые органами власти, могут быть оценены с точки зрения политики, которая преследует рациональные нравственные цели. Платон и Аристотель считали, что цели политики сосредоточены на жизнеутверждающей деятельности, которая направлена на повышение качества жизни и предотвращение действий, причиняющих обществу вред. Конструктивная политика — та, которая учит, как жить лучше.

Политика конструктивна, если она стремится быть средством решения проблем и инициировать меры для поддержания качества жизни. Сюда входят устранение социальных разногласий, усилия, прилагаемые для сглаживания этих разногласий, и содействие решению различных общих проблем. Здесь необходим ряд реформаторских мер, а также всеобъемлющие системные преобразования. Важнейшей предпосылкой конструктивной политики является предотвращение политики деструктивной, которая развивается исходя из иррациональных страстей, обусловленных личными интересами и направленных на причинение вреда обществу. В отличие от конструктивной политики, мотивированной стремлением к справедливости, деструктивная политика мотивирована желанием доминировать посредством осуществления власти. Изменение климата отражает тот выбор, который сделан в общественной системе, проводящей разрушительную для окружающей среды политику. Политика, продиктованная страстными личными интересами без учета воздействия на окружающую среду, деструктивна.

Противоположные политические интересы способствуют либо гармонии, либо дисгармонии в окружающей среде. Примеры политической философии, разрушительной для окружающей среды, можно найти в трудах Никколо Макиавелли и Томаса Гоббса. Макиавелли понимал, что может произойти при неспособности адаптироваться к меняющемуся миру политики. Метод Макиавелли, который должен был объяснить изменчивый мир политики, принадлежал политической науке, свободной от предыдущих политических концепций. В «Государе» Макиавелли предлагает нам новое понимание политических явлений и того, как политика адаптируется к меняющимся обстоятельствам. Новая наука о политике освободилась от того, что считалось политическим, но чисто политическим не является, например от церковных институтов. Макиавелли рассматривал сущность политики как отказ от традиционных политических механизмов, таких как наследственное правление, которое он считал нежизнеспособным в изменившихся условиях. В постоянно меняющемся мире политики Макиавелли определил руководящий принцип, который может направлять меняющийся политический ландшафт. Наследственное правление предполагает жесткую политику. Поскольку власть передается от отца к сыну, она не требует каких-либо специальных политических знаний и навыков. Макиавелли описывает государя нового типа как правителя, обладающего уникальными политическими навыками. Государь может достичь величия благодаря тому, что Макиавелли определяет как *virtu*, добродетель, то есть способность использовать свое мастерство для создания и расширения личных политических владений.

Макиавелли представляет современный взгляд эпохи Возрождения, где политики действуют в условиях конкуренции и интенсивных изменений с точки зрения того, как управлять теми, кем они руководят. Новый государь существует в постоянно меняющейся политической среде. Для Макиавелли также очевидно, что это эпоха дефицита и конкуренции за ресурсы между немногими. Государь должен во многих отношениях выступать посредником и приобретать знания о том, как в таких условиях должен действовать правитель, не принимая чью-либо сторону. Государь, на практике применяя новую политическую науку, использует совокупность знаний, которыми должен обладать правитель, если он хочет функционировать в качестве объективного наблюдателя на политической сцене. Макиавелли рассказывает о том, как правители должны противостоять людям, чьи страсти управляют их личными интересами. Далее он вводит в политический контекст отношения между правителем и управляемыми, движимыми страстным эгоизмом. Уникальная роль правителя заключается в том, что он изобретает средства для принуждения к повиновению. Это достигается за счет осуществления власти. «Государь» Макиавелли решает центральную проблему: как опосредовать проявление различных форм своекорыстия с помощью инструмента власти. Новый государь ставит себя в положение, позволяющее сохранять правила, регулирующие использование власти, путем манипулирования отношением правителя к управляемым. Правитель должен знать, как использовать власть, чтобы приобрести и удержать свое положение. Что правителю нужно знать, так это логику власти. При осуществлении власти отсутствуют этические соображения. Правитель также должен знать, что осуществление власти должно оставаться только в его руках, чтобы он мог монополизировать использование власти. В «Государе» Макиавелли описывает, как правитель должен реализовывать власть, чтобы формировать поведение и при этом управлять разнообразными личными интересами. Используя инструмент власти, новый государь ставит себя в положение правителя и может овладеть логикой власти, которая частично заключается в том, что правитель должен знать, когда и в каком объеме следует использовать власть.

В зависимости от обстоятельств государь должен знать, как использовать власть и когда применять минимально возможное насилие, чтобы наиболее эффективно свести к минимуму возможные угрозы для себя. Применяя насилие в умеренном количестве, государь доказывает, что не впадает в крайности и ограничивает любое проявление сопротивления своему правлению. Проницательность Макиавелли заключается в признании того, что социальные разногласия коренятся в страстях. Платон и Аристотель выступали за науку о политике, которая достигается рациональными этическими средствами и указывает на проступки. Макиавелли же признает неизбежность несправедливости и проступков в качестве факта политического существования. Правители должны понимать, что цель состоит не только в том, чтобы мириться с проступками лиц, движимых определенными интересами, но и в том, чтобы разработать средства для минимизации вредоносных действий. По мнению Платона и Аристотеля, используя рациональные этические соображения, люди способны преодолеть ложь и иллюзии. Макиавелли, напротив, стремится не разоблачать иллюзии, а использовать их в определенное время и для создания видимости, чтобы обмануть противников государя.

Также Макиавелли советует правителю наблюдать за событиями, чтобы предвидеть будущие угрозы. В различных частях «Государя» Макиавелли объясняет, как правителям необходимо опережать события, беря их под свой контроль, чтобы влиять на действия других, поскольку правитель в конечном итоге может определить исход событий. Быть ориентированным на будущее означает обладать дальновидностью, позволяющей предвидеть события, связанные с правителем, которому, возможно, придется действовать как политическому хамелеону, меняющему свои политические цвета и берущему на себя разные роли в различные моменты. По мере изменения обстоятельств должна меняться и роль правителя. Это приводит к тому, что правитель становится актером, который притворяется тем, кем он не является. Макиавелли описывает правителя как актера, которого характеризуют исполняемые им роли. Другими словами, политика сводится к вопросу восприятия. Правителя должны считать компетентным. Компетентность определяется восприятием правителя общественностью. Политика правителя не должна разжигать страсти народа. Это означает, что он должен избегать видимости богатства или бедности и разумно расходовать народные деньги.

Используя рациональные этические соображения, Платон и Аристотель доказывают, что справедливый правитель возможен. В отличие от Макиавелли, которого больше всего волнует роль страсти как центра политической жизни. Макиавелли утверждает, что правитель должен просто казаться справедливым. Если Платон отвергает мир притворства, то точка зрения Макиавелли заключается в том, что политика обязательно должна использовать иллюзии и манипуляции. Политическое существование для Платона и Аристотеля приравнивается к стремлению к достижению справедливой жизни. Напротив, Макиавелли рассматривает мораль только с точки зрения того, что полезно правителю в данное время. Политический мир Платона и Аристотеля сводится к моральным целям, в то время как Макиавелли понимает, что реальность политики — это только то, что можно узнать из наблюдения. Политической системе, управляемой страстями, в конечном счете не хватает средств для воспроизведения законного политического порядка, поскольку нет эффективных средств для подлинного регулирования проявления корыстных страстей с последствиями для окружающей среды.

Саул Алинский в книге «Правила для радикалов» предлагает альтернативу макиавеллевскому правителю, навязывающему инициативу сверху, где правитель манипулирует страстями людей. Подход Алинского «снизу вверх» к политике как организации масс является примером того, как страсти людей могут быть использованы для достижения рациональных нравственных целей. Алинский полагает, что способность людей организовываться ради общих целей является необходимым условием для политики. Кто выигрывает, а кто проигрывает в политике, часто зависит от того, кто лучше организован. Общим у Алинского и Макиавелли является идея написания учебника с практическими рекомендациями. Учебник Макиавелли предназначен для правителей, а учебник Алинского — для масс. Для Алинского организация — это также заход в сообщества и взаимодействие с ними, чтобы организатор мог справиться там, где люди чувствуют себя беспомощными. Такой подход включает в себя решение повседневных проблем, начиная с принятия вещей такими, какие они есть. Процесс использования беспомощности людей в рациональных моральных целях — это процесс, позволяющий людям почувствовать себя наделенными властью. Классовый акцент Алинского очевиден, когда он разрабатывает тактику противостояния неимущих имущим. При организации и построении массового движения одна из целей состоит в том, чтобы разобраться в причинах разрыва между имущими и неимущими. Правила, представленные Алинским, исходят из идеи о том, что все проблемы в общественной системе взаимосвязаны. Излагая каждое правило, Алинский выделяет взаимосвязанные стратегии повышения политического сознания и устранения классовых разногласий. Стратегии включают в себя внимание к ежедневной борьбе неимущих, гибкость в достижении целей и изменение тактики в зависимости от меняющихся обстоятельств. Чтобы использовать власть народа и ресурсы, необходимые для ее усиления, Алинский подчеркивает важность общения способами, понятными массам.

Когда страсти направлены на удовлетворение узких личных интересов, политика оказывается деструктивной. Эту тему развивает Томас Гоббс в «Левиафане», говоря о деструктивной политике. В политической басне о человеческой природе в отсутствие верховной власти Гоббс, используя дедуктивный метод, показывает индивидуализм движимых эгоистическими страстями людей в условном естественном состоянии. Самоуправляющиеся люди, живущие в естественном состоянии, не уверенные в себе и боящиеся преждевременной смерти, ищут решения путем создания абстрактного искусственного человека. Он является творением индивидуумов, которых этот искусственный человек должен будет представлять. По Гоббсу, раньше общества не было — существовали только индивиды. Они могут прийти к согласию и сформировать общество на основе договорных отношений. Тогда формирование общества произойдет на основе решений, которые приводят к созданию искусственного представителя, уполномоченного представлять интересы индивидуумов в обществе.

По общественному согласию этот представитель приобретет право действовать как суверен и властвовать над обществом. Согласно Гоббсу, это искусственное создание суверенной власти обеспечивало бы сохранение порядка и было бы необходимым условием человеческого существования, отсутствующим в естественном состоянии. Суверен наделен правом на монополию на обладание абсолютной властью, необходимой для поддержания порядка. Это важно, учитывая тот факт, что, по Гоббсу, людьми движут их страсти, служащие достижению их личных интересов. Принимая во внимание угрозу человеческих страстей, которые так легко могут нарушить инстинкт самосохранения, гоббсовский суверен ставит своей целью поддержание мира. Люди также терзаются страхом преждевременной смерти из-за неопределенности взаимодействий в естественном состоянии, в котором отсутствует политический смысл. По сути, суверен, действуя как законотворец и определяя образ жизни людей, становится великим.

Политическая мысль Гоббса формировалась в историческом контексте, который заключался в пристальном наблюдении за английской революцией и зарождением современной науки, которая, по мнению Гоббса, проложит путь к созданию четких правил функционирования политики. Это выразилось в создании простого языка, с помощью которого правила необходимо доводить до сведения индивидов по мере того, как они выходят из дополитического естественного состояния. В естественном состоянии нет политического смысла или четких правил, проблема состоит в том, как контролировать человеческие страсти, которые находятся в непрерывном движении и нуждаются в удовлетворении. Это естественное состояние полной свободы имеет и отрицательную сторону — оно дает волю всем страстям человека. Гоббс представляет политику как деятельность, придуманную исходя из собственных интересов людей. Правила решают проблему человеческих страстей.

Для Гоббса чувства, находящиеся в движении в форме страстей, ищущих удовлетворения, руководят личными интересами. Дело в том, что в естественном состоянии, учитывая отсутствие политического смысла, люди вольны поступать так, как им заблагорассудится. Законы природы становятся понятными благодаря правильному рассуждению, поскольку необходимость стремиться к миру равносильна передаче естественного права, отказу от права поступать так, как заблагорассудится, формированию общественного договора, приводящего к тому, что здоровая власть создает политический смысл. В центре политической теории Гоббса находятся личные интересы, которые вызывают проблемы, так как государство воспринимается как покровитель и защитник собственных интересов, при этом оно сохраняет роль посредника и миротворца в вопросе частных интересов. Представление о государстве как о защитнике собственных интересов наносит ущерб окружающей среде. До наших дней идут споры о противоречивой роли разума и страсти в определении политических приоритетов.

Жан-Жак Руссо оспаривает эгоизм по Гоббсу и возвращается к взглядам греческих философов, выраженным Платоном и Аристотелем. Подобно Гоббсу, Руссо создает логическую модель, политическую басню о естественном состоянии в отсутствие верховной власти. Руссо рассматривает природу человека не так, как Гоббс. Он утверждает, что люди в естественном состоянии одиноки, изолированы и в целом неразвиты. Естественное состояние по Руссо — это состояние тревожных индивидуумов, которые боятся самих себя, а не других. В условиях дефицита и конкуренции за скудные ресурсы человек по своей природе не воинствен. Конфликты и военные действия возникают только с появлением собственности.

Руссо не соглашается с Гоббсом, рассматривая основание общественного договора в качестве решения проблемы частного интереса. Руссо бросает вызов границам индивидуализма Гоббса и обрисовывает основы верховной власти, которая может быть легитимной на основе согласия, если люди обладают свободой как личности и свободой в обществе. Это приводит Руссо к выводу о том, что верховная власть способна совместить индивидуальную и общественную свободы. Руссо рассматривает общество не как отражение частных интересов. В его выражении «Человек рождается свободным, но повсюду он в оковах»[2] содержится идея о неспособности человека реализовать потенциальную свободу, которой он обладает в естественном состоянии. Тогда общественный договор становится процессом работы по реализации отчужденной свободы. Затем Руссо доказывает, что люди обязаны добровольно подчиняться законной форме правления. Это обязательство покоряться верховной власти должно быть добровольным. Суть аргументации заключается в том, что свобода неотчуждаема. Родиться свободным означает, что человек не откажется от своей свободы в обмен на что-либо более выгодное, поскольку свобода — это высшая идея. Согласно Руссо, отказаться от свободы — значит отказаться от своей человечности. «Человек рождается свободным, но повсюду он в оковах» — это также утверждение о том, что люди могли бы вернуть свободу, а не потерять ее. Свобода по определению означает повиновение самому себе. Чтобы быть свободным, индивид должен думать о чем-то другом, кроме своих интересов. Следование собственным интересам приводит к отчуждению свободы. Отчуждается потенциал для осуществления своей свободы. Зная, как не отчуждать свободу, каждый индивид только передает ее, отдавая свою свободу обществу. Таким образом, индивид обретает свободу, потому что другие индивиды также осуществили аналогичный отказ. В свою очередь, это приводит к свободе принятия решений путем осуществления свободной воли через общественный договор.

Затем Руссо переходит к сути вопроса — к концепции свободы в сочетании с выражением общей воли. Во многих отношениях концепция общей воли Руссо является существенной критикой

---

[2] Цит. по: [Руссо 1998: 416]. — *Прим. ред.*

взглядов Гоббса на верховную власть, представляющую частные интересы. Одним словом, гоббсовская концепция воли как мотивирующей силы для формирования власти из личных интересов является для Руссо неполной. Она основана прежде всего на понятии частного интереса. Частный интерес — это только одно из средств для создания единой власти. Общая воля развивается из заботы об общем благе, а не ради отдельного интереса. Общая воля представляет собой разделительную линию между теми индивидами, которые объединяются для продвижения частных интересов и которых интересует общее благо. Общая воля Руссо формируется и выражается в отсутствии страсти. Его общую волю следует понимать как рациональную, принимающую во внимание не только индивидуальную свободу, но и свободу индивидов, которую необходимо осознавать, помещая ее в более широкое социальное окружение. Общая воля представляет собой разделительную линию между индивидами, которые объединяются для продвижения отдельных интересов, воспринимаемых как общее благо. Общая воля формируется как единство частных воль, скрепленных во имя общего блага, а не ради конкретного интереса. Общая воля, однажды установленная с целью содействия общему благу, подразумевает, что суверенная власть народа является абсолютной. Общее благо выражается как воплощение общей воли, которая не может быть разбита на отдельные волеизъявления. Хотя общая воля может быть ошибочной, тем не менее она отличается от частной воли, которая, будучи ограниченной и неполной, обычно является неправильной, потому что является выражением своекорыстной страсти.

В трудах Карла Маркса очевидна значимость разума и страсти. В различных работах он исследует двойственную и противоречивую роль разума и страсти в социальной системе, известной как капитализм. Формулируя идеи капиталистического производства и воспроизводства, Маркс приходит к выводу, что капитализм разрушителен для окружающей среды. Он кажется рациональным, но в основе воспроизводства капитала лежит, на самом деле, иррациональная социальная система. Человеческие существа являются частью природы, но отделены от нее, потому что уникальность нашей жизнедеятельности определяется процессом труда. По Марксу, это рациональное сознательное начинание, предполагающее социальное сотрудничество.

Труд позволяет человечеству преобразовывать природу, и благодаря труду преображается наше сознание. Труд для Маркса — это не просто удовлетворение естественных биологических потребностей в пище, одежде и крове. Труд также удовлетворяет потребности в развитии, поскольку обеспечивает основу цивилизованного существования. При переходе к капиталистической общественной системе, предполагающей социальную организацию труда на рабочем месте, этот кажущийся рациональным процесс решения вопроса о том, кто контролирует прибавочную стоимость, приводит к формированию общественного разделения труда между имущими и неимущими. Это процесс формирования классовой и частной собственности. Извлечение прибавочной стоимости, произведенной трудом, имеет значение для воспроизводства капитала; в общественной системе также протекает основополагающий по своей сути иррациональный процесс. Поверхностная рациональность капитализма проявляется по мере того, как рабочий класс продает свою рабочую силу. В течение рабочего дня трудящийся производит сверх того, что необходимо для производства средств существования. Маркс описывает, как это проявляется в приобретении того, что, по сути, является собственностью на рабочую силу. Рабочий день делится на две части: в течение одной части рабочий трудится, чтобы обеспечить ту часть заработной платы, которая необходима для удовлетворения его повседневных потребностей, во второй — производит прибавочный труд для накопления капитала. В обществе возникает эффект отчуждения труда. Это отчуждение состоит в том, что на протяжении всего трудового процесса рабочие отделены от природы, не способны понять, в чем заключается функция труда, и не имеют контроля над трудовым процессом. Другим социальным эффектом отчуждения является процесс, при котором работник на протяжении всего трудового процесса рассматривается как товар. Кроме того, продукты, которые производит такой труд, не имеющий контроля над рабочим процессом, противостоят труду как чему-то чуждому работнику, как власть над работой, приводящая к отсутствию контроля над рабочим процессом. То, что производит рабочий, не имеет прямого отношения к нему. Та часть прибавочного труда, которая находится в форме денег, является конечным товаром, доминирующим в сознании трудящихся. Маркс понимал, что, хотя капитализм выглядит конструктивным, развивающим цивилизацию, в то же время в процессе воспроизводства капитала он функционирует как разрушительная для окружающей среды сила.

В процессе воспроизводства капитала и по мере его накопления воссоздается социальная система, благодаря которой труд посредством трудового процесса оказывается под властью товаров. Капиталистическая социальная система характеризуется неспособностью признать лежащую в основе социальной системы иррациональность, в которой доминируют производство и воспроизводство товаров. Так же как рабочая сила покупается как товар, так и различные части природы рассматриваются как товары для продажи. Накопление капитала разворачивается как процесс, не имеющий рациональных пределов, движимый стремлением извлекать природные ресурсы без рациональной оценки жизненного цикла природы. Окружающая среда не рассматривается как рациональная система, вместо этого ее подчиняют требованиям накопления капитала без учета рациональной гармонии природы. Отчуждение труда — это также отчуждение от природы. Накопление капитала — это также процесс отделения труда от природы, поскольку труд, находящийся под господством капитала, не контролирует трудовой процесс. Именно это отсутствие контроля над рабочим днем отрывает труд от понимания его связи с природой. Труду, по-видимому, не хватает понимания собственной социальной функции. Маркс утверждает, что труд может стать сознательным и обрести понимание социальных сил, которые контролируют трудовой процесс. Обретение рациональности труда означает, что труд осознает иррациональность капитализма. Из анализа Маркса следует, что иррациональность капитализма приводит к возможности рациональной альтернативной социальной системы, которой является социализм.

В книге «В защиту политики» Бернард Крик рассматривает рациональность как основу конструктивной политики при условии, что эта рациональность служит моральным целям. Он описывает, как выработка общего консенсуса приводит к конструктивной политике. Рациональная политика конструктивна, когда существует согласие относительно того, что представляет собой общее благо. Существенным для взгляда Крика на конструктивную политику является представление о том, что, когда мы идем на компромисс, принимая решения в отсутствие насилия, результатом становится цивилизованное общество. Когда политика конструктивна, она работает на достижение согласованного общего смысла и становится рациональным решением проблемы хаоса. Политика конструктивна, когда это деятельность объединения свободных людей. Крик следует традиции древнегреческой политической мысли в понимании политики, построенной на рациональных моральных целях. Политика как процесс принятия решений должна быть направлена на включение людей в процесс принятия решений, а не на исключение людей из него. Политика строится на основе инклюзивного процесса принятия решений, средства, с помощью которого люди могут мирно существовать в обществе. То, что также создается путем улучшения цивилизованной жизни, — это будущее, благодаря которому политика сохраняет человеческое сообщество. Построение общества, ориентированного на будущее, осуществляется посредством политического процесса, направленного на устранение социального вреда, особенно в результате применения насилия. Конструктивная политика уменьшает социальный вред, стремясь достичь рациональных моральных целей. Напротив, деструктивная политика ассоциируется с преследованием личных интересов независимо от того, причиняется социальный вред или нет. В отсутствие рациональных моральных целей, выраженных в виде общего блага, направленного на создание справедливого общества, деструктивная политика посредством осуществления власти руководствуется страстными личными интересами.

Рациональное нравственное общество, ведущее к конструктивной политике, стремится к справедливости в противоположность движимому страстями эгоизму, в котором целью деструктивной политики является использование власти для доминирования над людьми и окружающей средой.

Бертран де Жувенель определяет сущность политики как использование силы для навязывания воли в целях устранения любого сопротивления. Власть также проявляется как воля доминировать над другими. Власть проистекает из способности приобретать контроль над властными ресурсами. Де Жувенель говорит о проявлении власти применительно к политикам, которые ее осуществляют, желая эксплуатировать окружающую среду разрушительным для нее образом. Силовая политика отметает справедливость, отдавая приоритет желаниям политиков. Насильственно брать из окружающей среды без учета воздействия на нее — это также отрицание жизнеутверждающих свойств природы.

В книге «Идея политики» Морис Дюверже предлагает идею политической конкуренции как организованной борьбы за выражение социальных различий. По словам Дюверже, люди объединяются и борются за идеи, а когда они принимают чью-либо сторону, политика становится выражением конфликта. Трудность достижения консенсуса приводит к политической теории завоевания. Подход «победитель получает все» приводит к неспособности создать общее социальное благо, которое является жизнеутверждающим. Его взгляд на политику аналогичен идеям де Жувенеля, делающего акцент на страстных личных интересах, которые несовместимы с идеей конструктивной политики. Эта точка зрения также приводит к вопросу о том, кто готов достичь господства над людьми и окружающей средой.

Политика, разрушающая окружающую среду, порождает идеологические оправдания деструктивной политики, которые затем используются для отрицания изменения климата. На протяжении всей книги «Руководство по политическим заблуждениям» Иеремия Бентам продолжает разоблачать обманчивые мыслительные процессы тех, кто стремится сохранить статус-кво. Его тщательный анализ учитывает глубинные последствия каждого политического заблуждения, показывая, как каждый из них воплощает сугубо индивидуальные, личные интересы. Различные политические софизмы сводятся к ошибочным аргументам, используемым для того, чтобы отклонить рекомендации. Бентам рассматривает феномен ложных авторитетов, которые служат аргументами для того, чтобы отвергнуть неподконтрольный предмет исключительно на основе значимости авторитетной фигуры. Бентам нападает на софизмы об отсрочке, когда выдвигаемые аргументы используются перенесения срока рассмотрения вопроса с целью вообще избежать этого. Кроме того, Бентам опровергает софизмы об опасности — очевидные ссылки на что-то угрожающее и вредное, обходящее стороной любые возможные выгоды от новой политики. Софизмы о путанице используются для того, чтобы отвергнуть новую проблему как абстрактную или расплывчатую и полную неопределенных обобщений. В целом, при успешном использовании этих политических софизмов не только продвигается доминирующая идеология, но и софизмы сопровождаются непрерывной пропагандой.

Будучи критиком деструктивной политики, Паулу Фрейре в своей книге «Педагогика угнетенных»[3] показывает, как понимать деструктивную политику, проводимую принимающими решения лицами, которые инициируют политику, наносящую ущерб климату. Лица, принимающие решения, обладают монополией на ресурсы и с их помощью осуществляют власть, а затем нападают на окружающую среду, действуя в отношении ее как угнетатели. В рассуждениях об угнетателях и угнетенных Фрейре указывает на существенное различие между двумя формами политики, которое заключается в том, что конструктивная политика может бросить вызов деструктивной, причем первая развивается в связи с преодолением второй. Анализируя этот процесс, Фрейре следует теории классовой борьбы Маркса. В основе конструктивной политики лежит процесс осознания угнетенными своего подневольного состояния. Именно исходя из этого сознания просвещение общества преодолевает дегуманизацию. Фрейре описывает этот процесс просвещения общества как пе-

---

[3] См. [Фрейре 2018]. — *Прим. ред.*

рестройку политической реальности. Придерживаться конструктивной политики в отношении окружающей среды — значит критически относиться к политике, наносящей ей вред. Приобретенная рациональность возникает по мере того, как угнетенные предпринимают шаги к созданию новой конструктивной политической реальности. Угнетатели поддерживают нынешнюю политическую реальность, преследуя личные интересы за счет общего блага масс. Конструктивная педагогика, повышение общественного сознания — это шаги, предпринятые для понимания того, как порабощения массы. Именно Фрейре на основании политики выбора сторон в обществе провел разделительную линию для политики — между ролью угнетателя и ролью угнетенных. Это относится к созданию политики угнетения как порабощения окружающей среды. Поддерживать продолжающееся использование ископаемого топлива — значит работать против конструктивной политики и, по словам Фрейре, отождествлять себя с агрессором. Конструктивная политика привела бы к такому взгляду на окружающую среду, который бы не вел к причинению вреда.

Общее изменение климата можно понимать как проявление деструктивной политики, которая развилась из дисфункциональных политических решений. Дисфункциональных с точки зрения наносимого обществу и окружающей среде ущерба, поскольку качество жизни людей и состояние планеты ухудшаются. Кроме того, из-за чрезмерной зависимости от силы и давления, используемых для извлечения природных ресурсов, жизнь находится под угрозой в планетарном масштабе, поскольку политика разрушения включает культуру смерти. Побочным продуктом этого процесса является то, что качество жизни на планете продолжает снижаться, ускоряя разрушение жизни в планетарном масштабе; наблюдается также тревожный рост безразличия к человеческим страданиям. Такая деструктивная политика существует до тех пор, пока решения в отношении окружающей среды принимаются политиками с авторитарным складом ума.

Глава 2
Наука об изменении климата

Человечество может взаимодействовать с окружающей средой двумя способами: быть с ней в гармонии или завоевывать ее. Наука говорит о том, что люди сделали выбор в пользу завоевания. Научное сообщество единогласно признает исчерпывающие доказательства того, что климатические изменения являются последствием данного выбора. Крупнейшие исследовательские организации во всем мире публично заявили о реальности таких изменений. Разнообразные исследования в США и во всем мире проходят оценку внешних экспертов на протяжении всего исследовательского процесса. С их результатами может ознакомиться любой желающий.

Уже в XIX веке ученые пришли к выводу, что существуют газы, способные удерживать тепло. Например, в 1850-х годах Юнис Фут опубликовала результаты экспериментов, которые объясняли способность углекислого газа удерживать тепло солнечных лучей. Джон Тиндалл изучил ее выводы и показал, что, в частности, углекислый газ может удерживать тепло. В конце XIX века в ходе крупного исследования Сванте Август Аррениус высказал предположение, что сжигание ископаемых энергоносителей может стать основным источником выбросов углекислого газа. В более позднем исследовании, оценив воздействие углекислого газа на климат, он пришел к выводу, что температура Земли будет повышаться.

С середины XX века ученые из погодной обсерватории на вулкане Мауна-Лоа на Гавайях регистрируют повышение содержания углекислого газа в верхних слоях атмосферы. Запись уровней концентрации углекислого газа в атмосфере проводилась под руководством Чарльза Килинга из Института океанографии Скриппса, а полученный график получил название кривой Килинга. Кроме того, для мониторинга повышения температуры на поверхности Земли ученые стали использовать данные спутников, благодаря которым были получены доказательства нагревания Земли. С 1880 года средняя температура на земном шаре выросла на 2,2 °F. Самые большие изменения затронули Арктику, которая с 1960-х годов стала теплее на 4°. С другой стороны, повышение температуры воздуха у поверхности Земли не отражает масштабов изменения климата. Влияние океана, поглощающего 90 % тепла, выделяемого парниковыми газами, ощутимо не сразу. Зато заметно, как уменьшаются ледники и ледниковый покров материков, а уровень моря повышается. Создается замкнутый круг: с уменьшением количества снега и льда земля начинает поглощать больше тепла, и эта дополнительная энергия способствует дальнейшему повышению температуры. Еще одной стороной этого замкнутого круга является то, что более теплый воздух содержит больше влаги, и в результате в атмосфере оказывается больше водяных паров, а это, в свою очередь, приводит к увеличению количества осадков и наводнений в отдельных областях земного шара. Радиоуглеродное датирование образцов ледникового покрова материков показало, что концентрация CO_2 в результате сжигания ископаемого топлива резко возросла с начала промышленной революции. С 1750 года концентрация углекислого газа в атмосфере выросла почти на 50 %. В пробах ледникового покрова материков также обнаружено увеличение парниковых газов, связанное с промышленно развитым сельским хозяйством. Согласно научным данным, на протяжении сотен тысяч лет концентрация углекислого газа колебалась от 180 ppm во время ледниковых периодов до 280 ppm в периоды потепления. В настоящее время уровень углекислого газа достиг 420 ppm, и это самый высокий показатель за миллионы лет. Этот скачок концентрации CO2 совпадает с увеличивающимся с начала промышленной революции объемом сжигаемого ископаемого топлива.

Если глобальное потепление — это общий термин, используемый для объяснения изменений климата, то более точно происходящее можно описать как глобальное искажение климата, то есть рост числа чрезвычайных происшествий мирового масштаба. Непредсказуемые явления и все более продолжительные периоды аномально высоких температур случаются все чаще и чаще, а к 2040 году, согласно различным климатическим моделям, их будет еще больше. Из-за изменения климата засухи превращают обширные плодородные сельскохозяйственные земли в пустыни. Из-за более теплых зим количество дней с рекордно высокими температурами превышает количество дней с рекордно низкими температурами. Повышение температуры приводит к нагреву и высыханию лесов, провоцирует обширные лесные пожары, когда огонь бесконтрольно выжигает сотни акров земли.

Увеличение количества экстремальных погодных явлений накладывается на все более дисфункциональный климат Земли. Неспособность климатической системы к саморегуляции разрушает жизнь на планете. Раньше климат менялся в течение миллионов лет, и Земля успевала адаптироваться к этому изменению. Сейчас временные промежутки погодных катаклизмов измеряются сотнями лет. Быстро изменяющийся климат и непредсказуемые последствия изменений за короткий период времени нарушают экологическую гармонию на планете. Замедление циркуляции океана из-за поступления огромного количества пресной воды из тающей Гренландии привело к похолоданию в Северной Атлантике. Если циркуляция более теплых вод прекратится, привычные погодные условия изменятся во всем мире.

Океаны непрерывно поглощают больше тепла из более теплого и более влажного воздуха. В свою очередь, это приводит к возникновению ураганов все большей силы. Сильные штормы представляют бóльшую угрозу городам, расположенным на побережье. Географические и политические последствия неконтролируемых изменений климата становятся все более очевидными. Ясно, что к концу XXI века климатические изменения будут иметь неравномерные географические последствия. Уже сейчас кое-где на Ближнем Востоке и в Южной Азии в периоды аномальной жары невозможно выйти из дома, а жители Центральной Америки страдают от сильных засух. Прибрежные города в разных частях света уходят под воду из-за подъема уровня моря. С другой стороны, Верхний Средний Запад, Канада и страны Северной Европы могут с выгодой использовать более длительный вегетационный период.

Со временем климатические изменения, скорее всего, ускорят глобальное неравенство. При более высоких температурах и снижении урожайности сельскохозяйственных культур развивающимся странам тропических регионов грозит массовый голод. Наиболее уязвимыми окажутся люди, проживающие в низкокачественном жилье на побережье. Но и в развитых благополучных странах, которые смогут перераспределить свои ресурсы для противодействия изменению климата, пострадают обездоленные. Аномальная жара скажется, например, на здоровье тех людей, жизненные обстоятельства или условия работы которых не позволят им укрыться от нее. У развитых стран нет стопроцентной защиты. Последствия изменения климата в развивающихся странах повлияют и на развитые страны. Так, конфликты и политическая нестабильность, вызванные экстремальными климатическими явлениями в развивающихся странах, вызовут приток мигрантов, ищущих убежища в более развитых странах. Кроме того, границы между государствами не препятствие для распространения различных инфекционных заболеваний, которые возникнут в более теплом климате.

В какой степени будет ощущаться воздействие изменения климата, пока неясно. Однако мнение ученых однозначно: Земля постоянно и значительно нагревается. Вопрос не в том, изменился или не изменился климат. Во времена ледникового периода многие части планеты замерзли. За 2,6 миллиона лет Земля переживала периоды исключительно жестоких морозов, когда температура была на 11° ниже, чем сейчас, а огромные слои льда покрывали Северную Америку и Европу. Морозы сменялись послеледниковыми периодами, когда климат на Земле был мягким. Тем не менее такие глобальные климатические изменения происходили в течение миллионов лет, что повлияло на рост и таяние ледяных щитов.

Американские научные сообщества уверены, что деятельность человека — главная причина изменения климата. По данным Американской ассоциации содействия развитию науки, 97 % климатологов считают, что изменение климата связано с деятельностью человека. В отчете Американского химического общества за 2016–2019 годы говорится, что изменение климата Земли связано с избытком в атмосфере парниковых газов, являющихся результатом деятельности человека. Американский геофизический союз пришел к такому же выводу на основе научных данных о том, что деятельность человека приводит к сильнейшим выбросам парниковых газов и это является основной причиной потепления, наблюдаемого на протяжении XX века. Американская медицинская ассоциация согласна с данными Межправительственной группы экспертов по изменению климата (МГЭИК) о том, что Земля находится под воздействием негативных последствий изменения климата. В отчете за 2019 год Американское метеорологическое общество приводит вывод о том, что во второй половине XX века человеческий фактор являлся основной причиной наблюдаемого потепления. По мнению Американского физического общества, изменяющийся климат представляет собой серьезную угрозу благополучию стран. Вот перечень национальных научных организаций, согласных с тем, что климат на Земле теплеет из-за увеличения концентрации окиси углерода и других парниковых газов в атмосфере: структура Национальных академий наук, инженерии и медицины, Национальный исследовательский совет, Межправительственная группа экспертов по изменению климата, Американская программа исследования глобальных изменений, Американское геологическое общество. Во всем мире насчитывается около 200 научных организаций, которые полагают деятельность человека причиной изменения климата.

Межведомственный доклад Национальной оценки климата в США за 2018 год — результат работы независимых ученых из государственных институтов, исследования которых не связаны с указаниями политиков. Рассмотрим отдельные выводы доклада, представляющего собой впечатляющий обзор существующих и будущих тенденций. В сводном отчете указаны области, затронутые изменением климата на уровне сообществ. В том числе говорится об экономических последствиях для взаимосвязанных элементов, таких как качество воды, коренные народы, экосистемы, сельскохозяйственная и продовольственная инфраструктуры, океаны, а также туризм и отдых. Сейчас и в будущем людям предстоит стать свидетелями непрекращающихся нарушений в отношении

> экосистем инфраструктуры и социальных систем, приносящих существенные выгоды сообществам людей. Ожидается, что грядущее изменение климата приведет к дальнейшим нарушениям во многих сферах жизни, усугубляя существующие проблемы на пути к процветанию. Эти проблемы связаны со старением и с ухудшением состояния инфраструктуры, что приведет к увеличению нагрузки на экосистемы и росту экономического неравенства [The Climate Report 2018: 12].

Последствия для экономики США, связанные с повышением температуры и подъемом уровня океана, будут влиять на жизнь в прибрежных городах, разрушать важные объекты инфраструктуры, приведут к падению цен на недвижимость, а также нанесут урон агротуризму и рыболовству. То, что в отчете называется взаимосвязанным воздействием, — это множественное влияние изменения климата на «водные ресурсы, производство и распределение продуктов питания, энергетику и транспорт, здравоохранение, международную торговлю и национальную безопасность» [The Climate Report 2018: 13]. Описывая воздействие климата на количество и качество воды, авторы отчета ссылаются на такие проблемы, как изменение количества осадков, которое влияет на интенсивность засух, а также на неравномерность расположения источников воды в США. Ухудшающееся качество воздуха и загрязнение его озоном влияют на здоровье людей в настоящее время и будут влиять в будущем. Среди негативных последствий для здоровья —

> растущая подверженность болезням, передающимся через воду и пищу, связанная с проблемой безопасности продуктов и воды. При продолжающемся потеплении прогнози-

руется рост смертей от переохлаждения. Предполагается, что изменится ареал распространения насекомых и вредителей, являющихся переносчиками болезней [The Climate Report 2018: 14–15].

Коренные народы, находящиеся в уязвимом положении, уже страдают от отрицательных последствий потепления, поскольку их экономика зависит от сельского хозяйства, рыбной ловли и туризма.

В резюме отчета за 2018 год об экосистемах и экосистемных услугах взаимосвязанные воздействия на окружающую среду описаны с точки зрения того, что в отчете названо продолжающимся ухудшением взаимосвязанных отдельных систем, куда входят факторы воздуха, воды, землепользования, болезней и туризма. Потепление затрагивает сельское хозяйство и пищевые продукты, а побочными явлениями экстремальной жары являются более частые засухи. Изменение количества ливней влияет на урожайность сельскохозяйственных культур, которая, как указывается в отчете, снизится в связи с уменьшением доступности воды, эрозией почвы и необходимостью привлекать ресурсы для борьбы с вредителями. Ученые предсказывают, что климатические изменения приведут к более экстремальным погодным явлениям, которые нанесут огромный урон устаревающей энергетической и транспортной инфраструктуре США. Разрушению инфраструктуры будет способствовать прогнозируемое увеличение количества отключений и перебоев в подаче электроэнергии, а также затопление дорожных систем в результате проливных дождей, штормовых нагонов воды и морских приливов. Изменение климата уже затрагивает океан, и это влияние будет расти, приводя к серьезным последствиям. В кратком отчете перечислены следующие: повышение температуры воды, закисление океана, отступление арктических льдов, повышение уровня моря, затопление во время приливов, береговая эрозия, усиление штормового нагона воды и увеличение количества осадков, которые угрожают нашим океанам и побережью. Ожидается, что эти последствия по-прежнему будут представлять риски для океанических и морских видов организмов, снижая продуктивность некоторых видов рыболовства и представляя угрозу сообществам, для которых морские экосистемы являются источником средств к существованию [The Climate Report 2018: 18].

Изменение климата влияет на туризм и отдых. В отчете говорится, что экономические последствия ощутимы в самых разных регионах США и затрагивают «отдых на коралловых рифах, зимние виды отдыха и отдых у внутренних водоемов» [The Climate Report 2018: 18]. Каждый регион будет испытывать свои трудности. На северо-востоке, северо-западе и севере Великих равнин уменьшение снегопадов приведет к упадку индустрии зимнего отдыха. Вырубка лесов и более сильные лесные пожары влияют на отдых на суше. В отчете представлено достаточно доказательств уже заметных изменений, связанных с климатом.

Изменение климата наука связывает с увеличением количества углекислого и парниковых газов. Накапливаясь в атмосферном воздухе, они препятствуют оттоку тепла с земной поверхности и создают парниковый эффект. Научные данные также свидетельствуют о том, что с конца XIX века увеличение парниковых газов произошло в результате сжигания ископаемого топлива. Наблюдаемые глобальные изменения климата включены и в другие основные выводы отчета. «С 1901 по 2016 год средняя температура на Земле выросла примерно на 1,8°» [The Climate Report 2018: 64]. Для этого нет никаких других достоверных причин, кроме выброса парниковых газов. Другим ключевым выводом, связанным с изменением климата, является не только повышение уровня моря и температуры морской поверхности, но и то, что мировые океаны вынуждены поглощать 93 % избыточного тепла в результате потепления, вызванного деятельностью человека [The Climate Report 2018]. В результате повышения температуры и кислотности воды в Мировом океане под угрозой оказались различные морские формы жизни, в том числе коралловые рифы, поддерживающие морскую среду. Происходит процесс обесцвечивания кораллов — они белеют и в конечном счете умирают, при этом уровень Мирового океана повышается.

В отчете приводятся данные о том, что с 1900 года уровень моря рядом с прибрежными городами США и со многими островными странами Карибского бассейна повысился на 7–8 дюймов. В отчете также сообщается об угрозе быстрого таяния льдов в Арктике, где среднегодовая температура растет в два раза быстрее, чем в среднем по миру. Из-за таяния вечной мерзлоты увеличивается вероятность изменения климата, ведь чем больше высвобождается метана, тем сильнее глобальное потепление.

Окружающая среда — это взаимосвязанная система, в которой одна дисфункциональная часть отражается на других частях целого. Климатические изменения, затрагивающие сушу, моря и воздух, влияют на коэффициент выживаемости многих видов. Происходящее в настоящее время массовое вымирание видов подрывает качество нашей жизни. Например, резкое сокращение популяций пчел, отвечающих за опыление, сказывается на производстве продуктов питания. А пчел губят растущее использование токсичных химикатов и изменение климата. Потепление океанов в сочетании с чрезмерным выловом рыбы приводит к сокращению ее популяции. МГЭИК сделала шаг в правильном направлении, взяв на себя роль организатора Конференции по окружающей среде и развитию, известной также как Саммит Земли, который проходил в 1992 году в Рио-де-Жанейро.

Создание в рамках МГЭИК трех рабочих групп позволило разделить обязанности и обратиться к оценке отдельных аспектов изменения климата. Первая рабочая группа занимается научными аспектами изменения климата, вторая — рассматривает его последствия и возможные ответные меры на уровне стран. Третья рабочая группа анализирует варианты смягчения воздействий изменения климата. В отчете МГЭИК сказано, что основной причиной изменения климата являются выбросы от сжигания ископаемого топлива. Первый оценочный доклад[1], подготовленный МГЭИК в 1990 году, и последовавший за ним Саммит Земли проложили путь для разработки Рамочной конвенции ООН об

---

[1] МГЭИК оформляет результаты своей деятельности в форме оценочных докладов с описанием объема и сроков изменения климата, возможных последствий для окружающей среды и социально-экономической системы и реалистичных ответных стратегий. Доклады готовятся с периодичностью раз в 5–7 лет. Шесть оценочных докладов МГЭИК были опубликованы в 1990, 1995, 2001, 2007, 2013–2014 и 2022 году. — *Прим. ред.*

изменении климата 1994 года[2]. В свою очередь, эта конвенция привела к появлению Киотского протокола, период подписания которого начался в 1998 году.

Второй этап реализации Рамочной конвенции об изменении климата пришелся на 1995–1997 годы и был связан с реализацией положений конвенции на период с 1997 по 2004 год. Неудивительно, что сопротивление предложению ограничить выбросы из нефтедобывающих регионов было сильным. В целом, задача Киотского протокола — уменьшить выбросы оксида углерода. Сложный переговорный процесс был связан с системой торговли квотами на выбросы парниковых газов, или СТК. В отдельных параграфах Киотского протокола сказано, как страны будут коллективно выполнять поставленные задачи. Существовало положение, позволяющее странам хранить или накапливать неиспользованные квоты. Была сделана поправка к ним для стран, которые приняли меры по сокращению выбросов. Кроме того, страны смогли добиться дополнительного сокращения выбросов благодаря участию в механизме чистого развития. Каждая страна должна была взять на себя ответственность за производимые выбросы. Основное положение включало три элемента: программу ограничений и торговли, проекты совместного исполнения и механизмы чистого развития. В протокол была заложена гибкость в отношении сроков принятия обязательств по сокращению выбросов для развитых и развивающихся стран. Камнем преткновения стала ратификация протокола, в отношении которой США, Канада, Япония и Австралия предъявили свои возражения[3]. Цели, установленные Киотским протоколом, предусматривали сокращение к 2012 году выбросов в среднем на 5,2 %, до уровня 1990 года. К 2012 году большинство подписавших протокол сторон поставленных целей достичь не смогли.

---

[2] Рамочная конвенция ООН об изменении климата была принята на Саммите Земли в Рио-де-Жанейро в 1992 году и вступила в силу в 1994 году. — *Прим. ред.*

[3] США подписали протокол в 1998 году, но не ратифицировали его. Канада вышла из протокола в 2012 году. — *Прим. ред.*

Стремление продвинуться в реализации Киотского протокола привело к тому, что страны-участницы встретились в декабре 2009 года в Копенгагене на самой крупной международной конференции[4]. Присутствовало около 27 000 человек, включая 10 500 делегатов из 190 стран и более 120 государственных должностных лиц. К декабрю 2011 года «141 государство с совокупной ответственностью за 87 % выбросов парниковых газов взяло на себя обязательства по Копенгагенскому соглашению по снижению уровня выбросов к 2020 году» [Baer 2018: 134]. Несмотря на принципиальные намерения, в ходе Копенгагенской конференции не удалось согласовать задачу по снижению температуры на Земле более чем на 2°. В 2010 году в Канкуне было подписано соглашение, конкретизирующее некоторые положения Копенгагенского соглашения и позволившее продлить действие Киотского протокола. Обязательства развитых стран по сокращению выбросов парниковых газов были сокращены, а возможности использования торговли квотами и финансовых стимулов для сокращения выбросов в развивающихся странах выросли.

С 25 ноября по 11 декабря 2011 года в Дурбане (ЮАР) проходила конференция по изменению климата[5], главной целью которой было продление действия Киотского протокола до 2020 года. Евросоюз и развивающиеся страны встали на защиту более жестких требований по сокращению выбросов, что вызвало сопротивление США, Китая, Индии, Бразилии и ЮАР. Тем временем идет полномасштабное разрушение окружающей среды, угрожающее жизни на нашей планете. Если сохранить такую тенденцию, то придется слепо согласиться с тем, что можно назвать культурой смерти как глобального страдания, сопровождаемого снижением качества жизни. Все идет к тому, что к 2100 году температура на Земле может подняться еще на 4 °C, если только не произойдет радикального прекращения потепления. «По некоторым оценкам,

---

[4] 15-я конференция сторон Рамочной конвенции ООН об изменении климата, в результате которой было принято к рассмотрению, но не одобрено Копенгагенское соглашение. — *Прим. ред.*

[5] 17-я конференция сторон Рамочной конвенции ООН об изменении климата. — *Прим. ред.*

это будет означать, что целые регионы Африки, Австралии, США, Южной Америки, север Патагонии, Азия к югу от Сибири станут непригодными для жизни из-за исчезновения лесов и затопления, связанных с жарой» [Wells 2020: 6]. Климатические изменения потому и представляют такую серьезную угрозу, что они сочетанно влияют и на окружающую среду, и на человека.

Процесс завоевания Земли привел к растущим сбоям в функционировании окружающей среды. Гармоничное равновесие, которое создавало нормально функционирующую среду, нарушилось и сменилось разрушительной дисгармонией. Каждая часть того, что раньше находилось в гармонии, теперь оказалась в процессе разрушения. Существуют обширные доказательства, что в потеплевшем и выведенном из равновесия мире произойдут общее падение качества жизни и рост смертности. Из-за изменения климата людям не живется спокойно на месте: из регионов с более жарким климатом бегут миллионы людей. Согласно «прогнозу ООН, к 2050 году ожидается 200 миллионов климатических беженцев» [Wells 2020: 8].

Все более нарушается равновесие всех взаимосвязанных компонентов окружающей среды: земли, воды и воздуха. В различных климатических моделях предсказывается разная вероятностная степень вреда для планеты. Вот чего следует ожидать в рамках диапазона повышения температуры.

> При росте на 2° начнут разрушаться ледяные щиты, 400 миллионов человек будут страдать от недостатка воды, крупные города в экваториальном поясе планеты станут непригодными для жизни, и даже в северных широтах в периоды аномальной жары каждое лето будут гибнуть тысячи людей. При росте на 3° на юге Европы засухи станут постоянными. Засушливый период в Центральной Америке в среднем будет продолжаться на 19 месяцев дольше, а в Карибском бассейне и в Северной Африке — дольше на 21 и 60 (пять лет) месяцев соответственно. При повышении температуры на 4° только в Латинской Америке ежегодная заболеваемость лихорадкой денге увеличится на 8 миллионов случаев. Ситуация будет похожа на ежегодный глобальный продовольственный кризис [Wells 2020: 14].

Авторы пугающих вероятностных сценариев указывают на волновые эффекты и циклы обратной связи вследствие накопления климатических явлений. В результате таяния полярных шапок Земли уменьшится ее способность отражать солнечные лучи, а значит, планета будет поглощать больше лучей и нагреваться еще быстрее. Поскольку Земля продолжает нагреваться, увеличивается количество водяных паров, что приводит к парниковому эффекту, усиливающему повышение температуры. Более теплая планета означает резкое увеличение периодов аномальной жары, подобно той, что в 2015 году унесла жизни тысяч людей в Индии и Пакистане.

Ухудшение состояния окружающей среды означает, что будет увеличиваться число людей, умирающих от голода. Для выращивания достаточного количества пищи требуется оптимальная температура. С ростом населения Земли растет и потребность в еде. Подспудному разрушению подвергается каждый компонент окружающей среды, необходимый для производства продуктов питания. При изменении климата снижение урожайности происходит из-за увеличения вредителей. Из-за эрозии почвы сокращается площадь имеющихся в распоряжении земель, необходимых для производства продуктов питания. Мировые рынки мясо-молочных продуктов требуют больших объемов воды, кормов и земли. Токсичный метан, выделяемый в процессе животноводства, способствует глобальному потеплению. Более жаркий мир — это мир, страдающий от засухи. В сочетании с эрозией почвы засухи приведут к пропасти между возможностями производства и глобальным спросом. Изменение климата приводит к повышению уровня моря, а потери земель чреваты перемещением населения и тяжелыми экономическими последствиями. Примером влияния отходов и уровня загрязнений может послужить район дельты Жемчужной реки в Китае. При добыче графита и редкоземельных металлов для производства смартфонов загрязненные сточные воды с тяжелыми металлами сбрасываются в реки Цаньхуаннин и Люси, впадающие в бассейн озера Тайху, для которого загрязнение воды является серьезной проблемой. Если учесть это, изменения локализации и экономические последствия покажутся более чем серьезными. «Почти ⅔ крупнейших городов мира расположены на побережье. Это относится и к электростанциям, портам, военно-морским базам, сельскохозяйственным угодьям, рыбным промыслам, дельтам рек, болотам и рисовым полям этих городов...» [Wells 2020: 68]. Сбои в мировой экономике и изменения в локализации происходят из-за затопления суши.

Объемы социальных и экономических издержек могут оказаться ужасающими, если вспомнить, какие регионы США зависят от подъема уровня моря.

> Больше 90 % Флориды исчезнет, останутся только несколько холмов на узком перешейке. Примерно 97 % штата Делавэр окажется под водой. Океаны затопят 80 % Луизианы, 70 % Нью-Джерси, половину Южной Калифорнии, Род-Айленд, штат Мэриленд, Сан-Франциско и Сакраменто, а также следующие города: Нью-Йорк, Филадельфию, Провиденс, Хьюстон, Сиэтл, Вирджинию и с дюжину других. Во многих местах береговая линия отступит на 100 миль. Арканзас и Вермонт станут прибрежными» [Wells 2020: 75].

Взаимосвязанное ускорение изменения климата напрямую зависит от проводимой политики, снижающей способность Земли поглощать последствия климатических изменений. В результате вырубки лесов и увеличения лесных пожаров планета теряет способность смягчать глобальное потепление. Ярким примером является сокращение бассейна реки Амазонки, основного поглотителя выбросов углекислого газа. Политические последствия изменения климата разрушительны. Государствам придется адаптироваться к ним ценой увеличения человеческих страданий и смертей.

Все страны, особенно страны развитого мира, борются за то, чтобы обезопасить свои ограниченные ресурсы — энергетические, продовольственные и водные — вплоть до готовности развязать войну, чтобы защитить их. США, будучи единственной мировой сверхдержавой с глобальным военным присутствием, напрямую заинтересованы в удовлетворении своих потребностей в энергетических ресурсах. Для преодоления сопротивления других государств в них создаются дружественные правительства, а антиправительственные выступления подавляются американскими силами специального назначения. В глобальном масштабе массовое насилие — ужасная цена, которую государства платят за изменение климата. Снижение качества жизни, вызванное изменением климата, приведет к распространению социальных беспорядков, на которые правительства отреагируют крайними формами насилия. В ответ на нехватку пищи и воды прогнозируются спонтанные бунты и общественные беспорядки. В худшем варианте следует ожидать массовых убийств в форме геноцида. В борьбе за ограниченные ресурсы никого не удивит физическое уничтожение целых слоев населения. Само по себе изменение климата не приводит к практике геноцида. Однако стремление получить исчерпаемые и прочие ценные ресурсы создает предпосылки для оправдания геноцида. Определенные слои населения превращаются в козлов отпущения, объявляются виновными в сложившихся сложных жизненных условиях.

Войны за воду в мире уже были, и они будут происходить снова. Неважно, вода это или нефть, страны прибегают к войне за то, что считается жизненно важным. Массовые миграции — ответ на экологические изменения и на ухудшение состояния окружающей среды, при котором растет уровень засоленности и плотности почвы. «Люди, проживающие в таких неблагоприятных условиях, вынуждены уезжать в более благополучные регионы» [Alvarez 2017: 127]. Враждебность, агрессия и расовая ненависть являются реакцией на массовую миграцию людей, зачастую с другим цветом кожи, из развивающихся стран, спасающихся от последствий изменения климата. Изменение климата разворачивается как глобальная борьба между двумя базовыми принципами: принципом, определяющим человеческое существование и предназначенным утверждать и обогащать жизнь, и принципом, подрывающим и разрушающим жизнь.

Поскольку разрушительные силы, связанные с изменением климата, набирают обороты, человечество должно либо всерьез заняться климатом и защитить жизнь, либо позволить изменениям идти своим чередом. Война между Эросом и Танатосом идет в мировом масштабе. Первый — на стороне жизни, второй — на противоположной стороне. Об этих инстинктах говорит Фрейд:

> Агрессивное влечение — потомок и главный представитель инстинкта смерти, обнаруженного нами рядом с Эросом и разделяющего с ним власть над миром. Теперь смысл культурного развития проясняется. Оно должно нам продемонстрировать на примере человечества борьбу между Эросом и Смертью, инстинктом жизни и инстинктом деструктивности [Фрейд 1991: 115].

Эрос и Танатос также символизируют различия между жизнью в гармонии с окружающей средой, направленной на решение рациональных и этических задач, и разрушением окружающей среды, мотивированным иррациональной личной выгодой.

Защищая окружающую среду, политикам следовало бы двигаться к рациональным этическим целям, которые сводятся к нанесению минимального вреда природе. Если климат меняется, то разрушительная политика в этих условиях равна завоеванию природы, которое Ницше объясняет как «стремление покорять, формировать, приблизить к своему типу, преобразовывать, пока наконец преодоленное не перейдет совсем в сферу власти нападающего и не увеличит собой последней» [Ницше 2005: 358]. Как и Фрейд, Ницше описывает социальную психологию, которая характеризует изменение климата. Она «...выдает себя за обречение себя на гибель — как инстинктивный отбор того, что должно разрушать. <...> тяга к разрушению как проявление еще более глубокого инстинкта — инстинкта саморазрушения, тяги к небытию» [Ницше 2005: 68–69]. Использование власти как инструмента доминирования над природой представляет собой регрессивное устремление к разрушению окружающей среды, которая до вмешательства человека была гармоничной. Самые крайние проявления этого стремления к разрушению приводят к изменению климата с нарастающим разрушением планеты, которое влечет за собой уничтожение человечества.

Вместо отрицания смерти, базовой психологической проблемы человека, смерть и разрушение добровольно принимаются по мере разрушения окружающей среды. Вместо подавления идеи смерти и смерти окружающей среды на волю выпускается культура смерти. По мере того как природа продолжает деградировать, реальность изменения климата отрицается. Тревога за жизнь в планетарном масштабе заменяется простым отрицанием снижения качества жизни. Отрицание изменения климата сводится к тому, что люди подавляют идею о том, что ухудшение их собственной жизни и смерть связаны с разрушением окружающей среды. За этим также стоит неспособность понять, что изменение климата приведет к гибели человечества. Когда природа не защищена, утверждение импульсов жизни ослабевает, а тенденции к разрушению окружающей среды набирают силу. Существующие бок о бок жизнеутверждающие и разрушительные импульсы часто вступают в противоречие и, как правило, не уравновешивают друг друга. При угасании жизнеутверждающей деятельности качество жизни подрывается, а вместе с ним — и окружающая среда. «Это угрожает цивилизации распадом инстинктов, причем влечение к смерти стремится взять верх над инстинктами жизни» [Маркузе 1995: 81]. Если иррациональная личная выгода берет верх, сохранение и защита окружающей среды оказываются под угрозой. Разрушение климата соразмерно корысти движимого страстями естественного человека, о котором писал Гоббс.

Антидемократический контроль над источниками энергии со стороны нефтегазовой и угольной промышленности связан с политикой авторитаризма. В процессе принятия решений авторитаризм стремится к проявлению силы, способен навязывать единообразие, минимизировать разнообразие и создавать атмосферу политического конформизма. Авторитаризм действует командными методами, навязывая свою волю. Стандарты авторитарной политики воспроизводят идею завоевания окружающей среды. Этот авторитарный импульс работает на то, чтобы энергетические отрасли сохраняли монополию на контроль над энергоресурсами. Тенденция выкачивать ресурсы, несмотря на последствия для окружающей среды, является примером агрессии, характерной для авторитарного мышления, принятого в этих отраслях промышленности. Продолжая использовать ископаемые виды топлива, энергетические отрасли следуют жесткому набору приоритетов. Накладывая отпечаток на решения правительств, этот авторитарный контроль над энергоносителями преследует единственную цель — сохранить монополию на использование ископаемого топлива.

Западные державы, например США, заинтересованы в ближневосточной нефти, поэтому они поддерживают связи с Ираном и Ираком и дружат с ними до тех пор, пока те обеспечивают доступ к нефти. Общая воля Руссо здесь неуместна: в погоне за ископаемым топливом энергетики следуют собственной воле. Идеология энергетического сектора, навязывающего собственную частную волю, состоит в том, чтобы выдать свой корыстный интерес за выражение общей воли. Чем сложнее становится не замечать видимых изменений климата, тем активнее энергетическая промышленность стремится дискредитировать возможные меры противодействия этим изменениям. Используемая идеология поразительно напоминает то, что Бентам писал о софизмах в политике. Так, например, топливная промышленность, «решая» проблемы изменения климата, использует прием подмены аргументов. Ее представители, как правило, запутывают проблему, уходят от обсуждения реальных решений, прибегают к расплывчатым общим формулировкам — как к средству избежать конкретики — и используют абстрактные термины для описания решений, связанных с изменением климата. Давайте рассмотрим широко разрекламированные заявления, прозвучавшие из уст миллиардеров Ричарда Брэнсона, Уоррена Баффета, Майкла Блумберга и Билла Гейтса. Брэнсон предложил добровольно перенаправить деньги с прибыли, полученной за счет здоровья планеты, на безопасные технологии. Он стал продвигать идею о том, что его угрожающая экологии компания наградит 25 миллионами долларов того, кто изобретет средство для очистки воздуха Земли от углерода[6]. Предлагалось создать *Carbon War*

---

6 Имеется в виду технология обратного захвата углекислого газа из атмосферы. — *Прим. ред.*

Room[7], в рамках которого лидеры отрасли могли бы обсуждать способы сокращения выбросов и расходов. «Через много лет после данного обещания, в 2010 году, Брэнсон в интервью *The Economist* признался, что в чистую энергию он по факту инвестировал только 2–3 миллиона долларов» [Klein 2014: 240]. Если применить «расплывчатые обобщения» Бентама к так называемым обязательствам Брэнсона по решению проблем изменения климата, то мы обнаружим истинные мотивы его громких заявлений от лица якобы социально ответственной компании: на самом деле Брэнсон стремится к прибыли. Прошли годы после климатических обещаний Брэнсона, а выбросы парниковых газов *Virgin Airlines* выросли примерно на 40 %. «В период между 2006–2007 и 2012–2013 годами выбросы *Virgin Australia* подскочили на 81 %, а выбросы *Virgin America* в период с 2008 по 2012 год — на 177 %» [Klein 2014: 243].

Уоррен Баффет, еще один представитель класса миллиардеров, использовал прием «расплывчатых обобщений» Бентама, делая заявления о серьезности глобального потепления. В отличие от Брэнсона, взявшего на себя смелые экономические обязательства, Баффет о деньгах не промолвил ни слова. Он не изменил логике капитала в погоне за максимизацией прибыли, а его слова оказались обыкновенным пиар-ходом. Баффет прикупил «...несколько работающих на угле предприятий и владеет крупными пакетами акций *ExxonMobil* и гиганта битуминозных песков *Suncor Energy*» [Klein 2014: 234]. Билл Гейтс прибегает к двум софизмам по Бентаму: аллегорическим идолам и беспочвенным классификациям. Гейтс, настаивая на инвестициях в исследования и разработку энергетических чудес, вроде еще не существующих разновидностей ядерных реакторов, продвигает в отношении окружающей среды то, что ученые именуют непроверенными и проблематичными

---

[7]   В 2009 году Брэнсон совместно с группой предпринимателей создал глобальную некоммерческую организацию *Carbon War Room* с целью ускорить принятие бизнес-решений для развития низкоуглеродной экономики. В 2014 году произошло объединение *Carbon War Room* с Институтом Роки Маунтин, занимающимся исследованиями, публикациями, консультированием в области устойчивого развития. — *Прим. ред.*

решениями. Он отстаивает идею создания гигантских машин для очистки атмосферы от больших объемов углеродов. Деньги, выделенные на научно-исследовательские проекты, по мнению Гейтса, следует пустить на разработку технологий для блокировки солнечного света. В то же время использование доступных и проверенных возобновляемых технологий Гейтса не устраивает.

Когда Т. Бун Пикенс уклоняется от предмета спора, он использует софизмы по Бентаму. План Пикенса, разрекламированный под громкие аплодисменты, заключался в том, чтобы отказаться от ископаемого топлива и обратиться к альтернативным источникам энергии, таким как энергия ветра и солнца. Майкл Блумберг[8] действительно подкреплял свои обещания пожертвованиями в адрес *Sierra Club*[9] и Фонда защиты окружающей среды. С помощью инструмента оценки углеродного риска компания *Bloomberg* предоставляет своим клиентам анализ влияния борьбы с изменением климата на запасы ископаемого топлива.

Кроме того, Блумберг «...организовал *Willett Advisors*, фонд, специализирующийся на нефтегазовых активах как для его собственных, так и для благотворительных холдингов» [Klein 2014: 235]. Что касается Пикенса, то он уклонялся от предмета обсуждения, считая, что рост прибыли на рынках сланцевого газа пойдет на пользу экологии. План Пикенса по экологии обернулся планом Пикенса по сланцевому газу. Как только Пикенс понял, какую прибыль на сланцевом газе можно получить, он заговорил иначе. Пикенс не только заявил о поддержке использования ископаемого топлива. В интервью журналистам он дошел до того, что поставил под сомнение серьезность глобального потепления, вызванного деятельностью человека, и похвалил битуминозные пески и трубопровод *Keystone XL* [Klein 2014: 237]. Миллиардеры-капиталисты — частный случай более широкой картины возможностей уклонения от обсуждаемой проблемы. Есть корпорации,

---

[8] Американский бизнесмен, политик, мэр Нью-Йорка в период с 2002 по 2013 год. — *Прим. ред.*

[9] *Sierra Club* — американская экологическая организация, основанная в 1892 году и имеющая отделения во всех штатах США. — *Прим. ред.*

которые занимаются экологически безопасной деятельностью, и это прекрасно. Они признают, что изменение климата реально, и говорят, что капитализм может сосуществовать с окружающей средой. Но вспомним идею Бентама об аллегорических идолах: когда корпорации заявляют, что знают, что лучше, они действуют как авторитетные фигуры с целью исключить дальнейшее обсуждение проблемы. Миллиардеры используют заявления таких аллегорических идолов и их беспочвенные классификации. По Бентаму, это приемы прекращения дискуссии: ведь авторитеты безупречны, и вопросов им не задают. Используется также и прием искажения: призыв свысока и с насмешкой относиться к мнениям активистов экологического движения.

С помощью софизмов Бентама легко описать, как авторитетные лица, такие как политики в энергетической области, выдвигают дискредитирующие аргументы, говоря о том, что меры по борьбе с изменением климата нерациональны или что точки зрения крайне спекулятивны и, даже если идея кажется правдоподобной, ее невозможно осуществить на практике. Цель многих ложных аргументов, которые выдвигаются сторонниками применения ископаемых видов топлива, — представить альтернативы стереотипами, ввести в заблуждение и в результате сохранить существующее положение дел. Призыв встать на защиту привычного оборачивается страхом отхода от статус-кво. Власти, поддерживающие применение ископаемых видов топлива, подключают аргументы, которые Бентам называет «приемом отторжения вместо внесения поправок». Цель приема — полностью и бесцеремонно отбросить инициативу, лишь бы не допускать изменений, которые могли бы показать ее правомерность. Чтобы снять реформу по климату с повестки дня, можно использовать такие фразы, как «время имеет существенное значение». Конкретной реформе в результате практически не уделяется времени, и этот прием Бентам называет «пагубным корыстным интересом». Он связан с еще одним корыстным аргументом, используемым представителями индустрии ископаемого топлива, когда они заявляют о предвзятости властей или стремятся навязать свои интересы как единственные, заслуживающие внимания.

Когда только один-единственный набор идей становится главенствующим, свободный поток мысли слабеет. Главенствующее положение в идеологии равносильно пропаганде, «...которая становится врагом независимой мысли и навязчиво и непрошено манипулирует свободой информации. Эмоции берут верх над разумом в бюрократической борьбе машины власти» [Taylor 2003: 1]. Пропаганда, привычно поддерживающая дальнейшее использование ископаемого топлива, зачастую повторяет искаженные представления. Будучи средством сохранения власти над производством и распределением источников энергии в борьбе за поддержку ископаемого топлива, большая ложь очень часто прибегает к приему опущений. Успешное производство и воспроизводство пропаганды подрывают способность думать, заставляют людей действовать в пользу определенной точки зрения без критического ее осмысления. Пропаганда преднамеренна и стремится к конформизму в обществе, к тому, чтобы люди думали и действовали так, как желательно тем, кто распространяет информацию. Пропаганда служит интересам тех, кто контролирует процесс производства информации. Распространение идеи зависимости общества от постоянного использования ископаемого топлива — один из примеров пропаганды такого рода.

Макиавелли и Гоббс правы, когда говорят о возможности манипулировать эмоциями людей в политических целях. Эмоции — первейшая мишень пропаганды. Индустрия ископаемого топлива провела успешную кампанию по убеждению в том, что продажа угля, газа и нефти важна и для нас, как потребителей. Рекламируемые продукты были привязаны к использованию источников энергии. Продажи источников энергии с пропагандистскими целями содержат сообщения научного характера. Успех пропаганды зависит от того, насколько она действует через совокупность знаний или через проверенные временем правила и процедуры. Чтобы пропаганда работала, она должна охватывать массовую аудиторию.

Использование технологий в средствах массовой информации — самый эффективный способ достичь поставленной цели. Важным признаком грамотной пропаганды является ее непрерывность. Пропаганда работает, если она вездесуща, тогда в определенных условиях люди становятся ее аудиторией поневоле и перестают осознавать ее воздействие.

Пропаганда менее очевидна, если непонятно, кто автор сообщения. Чтобы достичь своих целей, пропаганда должна заполнить сознание людей таким образом, чтобы в их системе ценностей преобладали сообщения, исходящие от пропагандиста. Вряд ли в пропаганде есть что-то спонтанное: она всегда действует в контексте общественных институтов, поэтому производством пропаганды заняты средства массовой информации, политики в правительстве и корпорациях США. Срабатывают приемы социальной психологии, на которую пытается влиять пропаганда, и вырабатываются условные рефлексы, которыми аудитория приучается реагировать на ключевые образы и ассоциации. В историческом контексте пропаганда никогда не бывает застывшей — она меняется в зависимости от того, какие техники лучше срабатывают в конкретный момент. Следует всегда помнить об общей цели пропаганды: она служит личной выгоде конкретных людей и противоположна идее общего блага: «Пропаганда не ставит своей целью возвысить человека, она заставляет его *прислуживать*» [Ellul 1973: 38]. Одно и то же сообщение о нашей зависимости от ископаемых видов топлива пропаганда повторяет в корыстных интересах, акцентируя на нем внимание в периоды дефицита этих видов топлива. Такая разновидность пропаганды сводится во многом к маркетинговому продвижению экономических интересов. Неустанно пропагандируется также рыночная идеология, а накопление капитала преподносится как неизбежная суть глобального капитализма. С этой идеологией часто ассоциируется пренебрежительное отношение к любому переходу от ископаемого топлива к альтернативным источникам энергии.

В 1987 году деловая Америка разрекламировала свою официальную позицию в докладе «Наше общее будущее» Международной комиссии ООН по окружающей среде и развитию, известном как доклад Брундтланд[10]. Положительным было то, что в докладе

---

[10] Доклад был назван по имени премьер-министра Норвегии Гру Харлем Брундтланд, возглавлявшей Международную комиссию ООН по окружающей среде и развитию. — *Прим. ред.*

признавалось: глобальная экономика столкнулась с ограниченными природными ресурсами, которые находятся в состоянии истощения. Несмотря на это, докладчик призывала не отказываться от экономического роста для сохранения высоких стандартов жизни. Те же акценты были сделаны в отчете Всемирного совета предпринимателей по устойчивому развитию, опубликованном в 1992 году и представившем новый курс развития бизнеса. Авторы пришли к выводу, что следует придерживаться глобальной модели, в рамках которой рыночные силы обеспечат устойчивую окружающую среду. Речь идет об использовании экономических стимулов для решения экологических проблем. Необходимы серьезные реформы, которые эффективно отрегулируют глобальную экономику, в частности используя экологически чистые новые технологии. При этом упускается, что причиной изменения климата может быть непрекращающийся рост капитализма. Авторы отчета заключают, что рынок должен саморегулироваться и адаптироваться к целям просвещенного капитализма. Не учитывается диктат капиталистической экономики, сфокусированной на максимизации прибыли. Остается недоумевать, как, поддерживая капитализм свободного рынка, можно прийти и к социальному равенству, и к защите окружающей среды.

Как капитализм реформистов соотносится с капитализмом, заботящимся о климате? Такие корпорации, как BP, *Dupont*, *Morgan Stanley* и другие, допускают реальность изменения климата. Они участвуют в создании таких инициатив, как Партнерство для противодействия изменению климата и Совет делового экологического лидерства. Выдвигаются

семь категорий стратегий смягчения последствий изменения климата, которые используют многие транснациональные корпорации: 1) инвестирование в возобновляемые источники энергии; 2) повышение энергоэффективности; 3) поощрение сотрудников и потребителей к сокращению выбросов; 4) разработка технологий улавливания CO_2; 5) переход на биотопливо; 6) компенсация углерода; 7) влияние на формирование национальной и международной политики в области климата [Baer 2018: 153].

Это не означает, что среди нефтяных компаний нет разногласий по поводу изменения климата. Они прозвучали на Конференции по борьбе с изменением климата, организованной Нефтяной группой Геологического общества Великобритании в 2003 году. С одной стороны оказались автомобильные компании США, которые ставят под сомнение науку об изменении климата, а с другой — европейские нефтяные компании, признающие роль изменения климата и его воздействие на качество жизни на планете.

Есть корпорации, поддерживающие реформы. Тем самым они занимают ответственную гражданскую позицию, так как им важна не только выгода. Те же корпорации, поддерживая общую торговлю, не видят противоречия между получением прибыли и защитой окружающей среды. Одним из таких примеров может быть использование углеродных кредитов, популярных на добровольном рынке углеродных квот. Варианты корпоративной политики реформ по климату, представленные как «Новый зеленый курс»[11], также пытаются функционировать в контексте капиталистической экономики. Например, конференция, организованная Программой ООН по окружающей среде в 1972 году, была посвящена глобальной, экологически ориентированной экономике. Цели такой экономики — принятие реальности изменения климата и разработка предложений по созданию зеленых рабочих мест. Сторонники этого подхода утверждают, что такая программа позволит ограничить использование выбросов углерода и поддержит уровень жизни, но они не учитывают жизнеспособность этих целей или то, насколько они возможны в капиталистической экономике, движимой необходимостью расширения производства и потребления, что как раз и приводит к изменению климата. Эти и другие предлагаемые реформы, если бы у них был хоть какой-то шанс на успех, должны были бы принести прибыль в долгосрочной перспективе. Реформаторы

---

[11] Green New Deal, или «Новый зеленый курс», — предложенный в 2019 году пакет законов США, направленных на решение проблемы изменения климата и экономического неравенства. — *Прим. ред.*

подчеркивают важность государственной поддержки климатических инициатив. Противостоят реформаторам либертарианцы, чья цель состоит в том, чтобы предотвратить рыночные интервенции политиков и добиться неограниченного роста, который часто выражается в отрицании проблемы климата. Сторонники чистого отрицания отвергают любую ответственность человека за изменение климата. Есть и другой вариант позиции отрицания — когда, с одной стороны, причинно-следственная связь между изменением климата и политикой в отношении энергоносителей признается, а с другой — утверждается, что изменение климата приводит к ощутимым глобальным выгодам.

Представленные аргументы не подтверждаются беспристрастной объективной наукой. Большая часть средств на исследования поступает от либертарианских капиталистических фондов, таких как Фонд «Наследие», Институт Катона, Институт Хартленда и Институт конкурентного предпринимательства. На деле динамика капиталистической экономики ставит прибыль выше защиты окружающей среды.

Глава 3
Изменение климата в доиндустриальную эпоху

В 1987 году была разработана Международная программа исследования геосферы и биосферы (IGBP), направленная на изучение того, что ученые назвали изменением климата. В рамках этой программы в феврале 2000 года в городе Куэрнавака (Мексика) состоялось совещание, на котором под феноменом глобальных изменений ученые договорились понимать не только изменение климата, но и то, как люди взаимодействуют с окружающей средой. Главной задачей совещания стало достижение консенсуса по глобальным изменениям окружающей среды во времени, и в частности в течение эпохи голоцена. Этим термином геологи называют теплый межледниковый период, начавшийся 11 700 лет назад. Пауль Крутцен, получивший Нобелевскую премию за исследования озоновых дыр в атмосфере, не был согласен с бесконечными ссылками на голоцен, особенно в отношении глобальных изменений климата в результате деятельности человека. Крутцен заявил собравшимся в Куэрнаваке: «Мы живем в антропоцене». В 2000 году в мартовском выпуске вестника IGBP была опубликована совместная статья[1] Крутцена и Юджина Ф. Штёрмера, который в своих лекциях тоже говорил об антропоцене. Ученые объяснили, что на современном этапе антропоцена процесс реорганизации окружающей среды под воздействием человека будет иметь долгосрочные последствия.

---

[1] См. [Crutzen, Stoermer 2000: 17–18]. — *Прим. ред.*

Крутцен и Штёрмер привели аргументы в пользу того, что антропоцен начался вместе с промышленной революцией, связанной со скачком концентрации парниковых газов в Антарктическом ледяном щите. После этого были проведены дополнительные исследования, а научно обоснованные доказательства опубликованы в уважаемых научных журналах. Ян Заласевич, геолог из Лестерского университета в Англии, вместе с другими учеными принимавший участие в изучении концепции антропоцена при поддержке Лондонского геологического общества, пришел к такому же заключению, что и Крутцен со Штёрмером. Важно не забывать об исторических связях между наступлением антропоцена и тем, что ему предшествовало. Связать начало антропоцена с промышленной революцией — это только полдела. Хотя изменения климата в глобальном масштабе стали происходить с момента промышленной революции, преобразовывать окружающую среду люди начали до нее. Еще до всякой промышленной революции, за сто лет до ее начала,

> в 1661 году, энциклопедист Джон Ивлин писал, что воздух в Лондоне подобен угольной туче, аду на Земле. Этот ядовитый смог разъедает даже железо и портит все ценные вещи; опускаясь, он оставляет сажу на всем. Он так губителен для легких горожан, что кашель и чахотка не щадят никого [Lewis, Maslin 2018: 23].

После появления книги Ивлина Карл II приказал высаживать деревья для уменьшения загрязненности воздуха. В 1727 году другой автор, Стивен Гейлз, в книге «Статика растений» попытался доказать, что вырубка лесов локально меняет климат. В 1778 году граф Бюффон писал о народах, которые уничтожают природу, забирают и используют ее щедрые дары, не заботясь о том, как возобновить то, что было изъято. В 1821 году Шарль Фурье писал о материальном износе планеты, о необходимости лечить Землю, чтобы устранить вред, нанесенный окружающей среде.

Своими корнями антропоцен уходит в сельскохозяйственную революцию.

К концу последнего ледникового периода, когда лед отступил и зимы постепенно стали более теплыми, человек начал одомашнивать растения. Потом он научился использовать и улавливать солнечную энергию, возникло сельское хозяйство. Человек создал условия для постоянных поселений, и люди стали доминировать на планете.

Примерно 10 500 лет назад сельское хозяйство начинает появляться в Юго-Западной Азии, Южной Америке и центральной части Восточной Азии. «Согласно последним данным, существовало не менее 14, а то и 17 независимых очагов технологий выращивания культур. Возможно, их было 21» [Lewis, Maslin 2018: 116]. Комбинация факторов привела к возможности существования сельского хозяйства. Основными были стабильное тепло, достаточное количество дождей и повышенное содержание углекислого газа. Но эти элементы присутствовали не везде и не всегда.

Сельское хозяйство запустило волновую реакцию: произошел рост населения, большие площади земли были освоены для нужд человека. Одним из результатов влияния сельского хозяйства на окружающую среду было то, что

> выбросы парниковых газов в результате ведения сельского хозяйства компенсировали длительное глобальное похолодание, которое наблюдалось в предыдущий межледниковый период. Этот новый способ жизни привел к периоду стабильного климата, который продолжался тысячи лет [Lewis, Maslin 2018: 145].

Хотя проблемы климата становятся глобальными в связи с промышленной революцией, существуют исторические примеры деградации окружающей среды на региональном уровне.

До промышленной революции изменения окружающей среды и климата происходили в процессе использования земель. Сельскохозяйственная революция, распространяясь, сопровождалась значительным выбросом углекислого газа и метана в атмосферу, помешавшим наступлению следующего ледникового периода. Первые люди начали то, что в исторической перспективе превратилось в долгосрочные отношения с огнем. Огонь влияет на климат очень по-разному. Если пожары приводят к замене леса пастбищем, то в результате изменяется накопление углерода и эвапотранспирация — процесс, посредством которого вода с земли, почвы и растений, испаряясь, попадает в атмосферу. В результате дымовой аэрозольной эмиссии при пожарах уменьшается образование облаков, и это приводит к более длительным засухам, когда вероятность пожаров, по закону замкнутого круга, увеличивается.

Отношения человека с окружающей средой можно рассмотреть с помощью характеристики, которую Макс Вебер дал рациональности как действиям, которые регулируются продуманными расчетами. Эффективность в достижении целей должна опираться на использование правил, с помощью которых контролируют неопределенность. В целом, ученый дает определение практической рациональности.

Хотя Вебер связывает рациональность с появлением капиталистической экономики, практическая рациональность использовалась и в докапиталистических обществах. Кроме того, инструментальная рациональность, которая служит личной выгоде как в докапиталистических, так и в капиталистических обществах, привела к посягательствам на окружающую среду. Инструментальная рациональность появилась на заре сельскохозяйственной революции.

Природные ресурсы, и в частности запасы минералов, известных как каменный уголь, стали добывать в Средние века. Люди средневековой Европы понимали, что использование каменного угля «отравляет воздух» [Cipolla 2014: 92]. Вопиюще небрежное отношение к сохранению ресурсов проходит через Средние века и эпоху Возрождения. Италия «исчерпала свои запасы леса. В Ломбардии к 1555 году пространства, покрытые лесами, сократились, их площадь в сельской местности составила менее 9 %» [Cipolla 2014: 93]. В Северной Италии жители города Финале возбудили судебное дело «...против фабриканта и потребовали, чтобы он вынес свой цех за пределы города на том основании, что он отравляет всех по соседству, занимаясь перегонкой купороса в печи» [Cipolla 2014: 111]. Инструментальная рациональность такого рода порождает иррациональность, нанося локальный вред окружающей среде, и ведет к пагубным социальным последствиям. В плотно населенных городах возникали явные признаки развала инфраструктуры. Небезопасная для питья вода из колодцев и полное отсутствие гигиены создавали рассадники инфекций, передающихся с водой и в результате антисанитарии при обращении с экскрементами. Улицы повсеместно использовались как общественные туалеты; туда же, не обращая внимания на прохожих, как попало вышвыривали самый разный мусор.

Опасные для рабочих неэкологичные трудовые практики еще больше свидетельствуют об инструментальной иррациональности. Если взять, например, добытчиков полезных ископаемых, то,

> какой бы металл они ни добывали, они становятся жертвами ужасных болезней... Золотильщики... Какие жуткие болезни вызывает ртуть у ювелиров, особенно страдают занятые в золочении серебряных и медных изделий... Гончары... травятся свинцом, он попадает через рот, ноздри и все тело... сперва парализует руки, затем человек сам становится паралитиком, ипохондриком, вялым и беззубым доходягой. Сера... причиняет серьезный вред тем, кто занимается ее выплавкой и разжижением или использует ее в производстве. Крестьяне... страдают от... непрекращающейся вони и испарений; можно заметить, что лица у них трупного оттенка, тела раздутые, они похожи на привидения и дышат с трудом... Стеклодувы: в процессе изготовления сосудов из стекла рабочему приходится непрерывно стоять полуодетым на зимнем холоде рядом с раскаленной печью... они подвержены болезням органов грудной клетки... плевритам, астме и хроническому кашлю... [Cipolla 2014: 113–114].

Повсеместно и в разных географических условиях люди эксплуатировали природу и наносили ей вред. Но в конце XIV века с распространением эпидемий этот вред вырос в разы. Самыми частыми и свирепыми эпидемиями были брюшной и сыпной тиф, дизентерия, чума, грипп и пресловутая бубонная чума. Между 1348 и 1351 годами во время эпидемии чумы погибло 25 000 000 человек из 80 000 000, населявших тогда Европу.

До промышленной революции глобальное влияние деятельности человека на окружающую среду ограничивалось освоенными территориями. Но вскоре технологический прогресс позволил расширить географию землепользования. В XV–XVII веках в результате развития военных технологий и парусных судов произошло серьезное изменение окружающей среды. Изменение физической среды привело к изменению людей, населяющих ее. Этот период называют эпохой Великих географических открытий, но его более точное название — эпоха европейского империализма, для нее характерны контакты европейцев с неевропейцами. Она стала разворачиваться как процесс разрушения европейцами образа жизни и самого существования неевропейцев. Примером может послужить контакт европейцев с аборигенами, которые тысячи лет жили в Северной Америке. На всем протяжении этого неравного взаимодействия европейские завоеватели силой навязывали чуждый коренным народам образ жизни. Испанский историк Бартоломе де лас Касас в своем дневнике запротоколировал появление Колумба на современном Гаити и в Доминиканской Республике. Он описал, как туда были занесены болезни, против которых у коренного населения не было иммунитета. Кроме того, порабощение коренного населения, а также геноцид и этноцид изменяют физическую среду завоеванной земли. Эта модель часто повторялась. В августе 1519 года после осады, продолжавшейся 75 дней и ставшей причиной массового голода и болезней, Эрнан Кортес завоевал мексиканский Теночтитлан (современный Мехико) и заявил, что город принадлежит теперь Испании. Другой испанский завоеватель, Франсиско Писарро, вступив в 1526 году в контакт с инками в Перу, занес туда эпидемию оспы, которая настолько ослабила инков, что они потеряли половину своего населения и были в результате побеждены. «Прибытие европейцев в Северную и Южную Америки означало убийство примерно 10 % населения планеты за период с 1493 по 1650 год» [Lewis, Maslin 2018: 158]. Миграции населения также оказывали влияние на окружающую среду. В своей книге «Экологический империализм» Альфред Кросби подробно объясняет различные экологические последствия массовых миграций населения. «Между 1820 и 1930 годами в заморские неоевропейские земли мигрировало более 50 миллионов европейцев, что составляет примерно одну пятую всего населения Европы на начало этого периода» [Crosby 2004: 5]. Массовая миграция населения из Европы в Новый Свет, вызванная различными факторами, включая появление прибыльных новых колоний, наличие места для отправки избыточного населения, потребность в обрабатываемых землях и новых технологиях, побудила европейцев воссоздавать физическую среду обитания, подобную той местности, откуда они приехали. Европейцы стремились получить и сформировать природу земель с умеренным климатом, например на Азорских островах. Тем самым, как пишет Кросби, они «европеизировали» их, ввозили домашний скот, и так было везде.

Реорганизация физической среды также происходила за счет введения новых сельскохозяйственных культур. Так произошло на Мадейре, которая стала крупнейшим в мире производителем сахара. Едва захватив какой-нибудь остров, европейцы принимались изменять его таким образом, чтобы он мог приносить прибыль. Но дело было не только в прибыли. На изменение окружающей среды европейцев толкала необходимость воссоздать свою культуру и европейский образ жизни, в том числе с помощью импорта продуктов питания и скота из Европы. На Канарских островах сахар играл ключевую роль, и этот ценный стратегический продукт привнес свои изменения в исходную экосистему. Чтобы увеличить производство сахара, вольнонаемные работники и рабы ввозились тысячами для работы на тростниковых полях. Чтобы расчистить место для новых и новых полей, активно вырубались леса, что привело к эрозии почвы и уменьшению количества осадков.

Европейцам не всегда удавалось преобразовать неевропейские земли. Но это не значит, что они не пытались это делать. В тропической Азии, например, с ее мокрым и влажным климатом были все условия, чтобы сопротивляться европейскому вторжению. Европейцев здесь также пугали местные болезни и незнакомые растения и животные. Когда они попытались изменить экосистему Африки, физическая среда сперва оказалась слишком враждебной, но позже технологический прогресс позволил ее победить. Для потенциальных колонизаторов, беззащитных перед местными болезнями, экосистема может оказаться естественным барьером. «Наиболее эффективной защитой Западной Африки от европейцев были болезни: черная водяная лихорадка, желтая лихорадка, лихорадка денге, кровавый понос и целый зоопарк глистов» [Crosby 2004: 138]. Тем не менее в целом в исторических документах сообщается, что европейцы были, как правило, успешны в навязывании европейских способов хозяйствования на завоеванных землях. Помимо военных захватов, в долгосрочной перспективе европейские завоевания часто сводились к импорту растений, в частности сорных, которые обеспечивали рост и экспансию европейских сельскохозяйственных культур.

Народы-завоеватели навязывают свой образ жизни народам, которые они завоевывают, меняя при этом местную среду. Они также навязывают новые общественные системы, используя инструментальную рациональность в погоне за личной выгодой. Широкое применение силы и насилия играет здесь ключевую роль. Но империализм также преуспел в том, что занес новые болезни из одной части мира в другую. «Оспа впервые пересекла моря Пангеи, в частности попав на остров Эспаньола, в конце 1518 или начале 1519 года и в течение следующих четырех столетий играла столь же важную роль в продвижении белого империализма, как и порох» [Crosby 2004: 200]. Со временем, с увеличением глобальных связей, экосистемы стали интегрированными: ресурсы переместились с севера на юг, а новые сельскохозяйственные культуры, растения, животные и смертельные заболевания появились в новых регионах. Кросби называет этот процесс колумбовым обменом. Тот ведет к глобальному смешиванию и, в конце концов, к гомогенизации экосистем. Несмотря на первоначальные негативные последствия, обмен может иметь долгосрочный положительный результат, позволяя людям во многих частях мира выращивать более широкий спектр культур.

С начала сельскохозяйственной революции интеграция и гомогенизация экосистем дали существенный прирост производительности в сельском хозяйстве. «Поля одних и тех же культур по всему миру: пшеница в Европе и Северной Америке, кукуруза в Мексике и Восточной Африке. Одни и те же животные по всему миру: свинофермы в Китае и Бразилии; коровы на полях Англии, Мексики и Новой Зеландии» [Lewis, Maslin 2018: 164]. В отличие от того, что происходило во время и после промышленной революции, колумбов обмен в краткосрочной перспективе не нарушил глобальный климат. Кроме того, экосистема имела время на адаптацию и гомогенизацию. С другой стороны, в долгосрочной перспективе такой обмен привел к распространению сельскохозяйственных культур в других регионах мира, расширению сельскохозяйственной деятельности, ускорению вырубки лесов. В результате со временем произошло увеличение выброса углекислого газа, а новые методы землепользования способствовали потеплению на планете.

Образцы керна льда с ледника Келькайя в Перуанских Андах содержат доказательства загрязнения воздуха в Южной Америке до наступления промышленной революции. «Люди добывали и плавили медь в Южной Америке еще в 140 году до н. э., а в XV веке н. э. инки начали плавить серебряную руду (содержащую свинец)» [Wade 2015]. В процессе плавки металлов в печах частицы выбрасывались в атмосферу и оседали в леднике Келькайя. Этот исторически сложившийся паттерн продолжил существовать и после завоевания Южной Америки испанцами в XVI веке, и причиной загрязнения,

> возможно, стал гигантский серебряный рудник в Потоси (Боливия), на котором на протяжении всего колониального периода разрабатывалось крупнейшее на планете месторождение драгоценного металла. Беспрецедентное количество свинца и других металлов выбрасывалось в атмосферу Южной Америки. С 1450 по 1900 год н. э. уровень содержания свинца в ледяном керне Келькайя почти удвоился, а количество сурьмы во льду увеличилось в 3,5 раза [Wade 2015].

То, что это произошло за столетия до промышленной революции, говорит о том, что время начала антропоцена будет разным в каждом конкретном месте. Региональные изменения климата, повлиявшие на глобальный климат, со временем создали в атмосфере накопительный эффект, и, в свою очередь, это способствовало изменению климата во время и после начала промышленной революции.

Джулия Понгратц из Института метеорологии Макса Планка и Кен Кальдейра из Института Карнеги провели совместное исследование первых выбросов. Их интересовало, в какой степени они остаются в атмосфере в течение периодов времени, измеряемых столетиями и тысячелетиями. Исследователи также изучили выбросы углекислого газа в эпоху индустриализации. Период 800–1800 гг. н. э. часто недооценивается, а ведь население в мире за этот период выросло в пять раз и перевалило за миллиард. Вместе с резким ростом населения возникла необходимость заниматься сельским хозяйством и вырубать леса. Ученые считают, что деревья поглощают углерод, накапливают углекислый газ и выводят его из атмосферы. Но срубленное дерево отдает накопленные парниковые газы обратно.

Чтобы понять, насколько земледелие изменило климат, Понгратц и Кальдейра построили вертикальную карту землепользования с 800 года и совместили ее с компьютерными климатическими моделями.

> Исследователи обнаружили, что 5 % от общего количества «лишнего» CO_2 в атмосфере — выбросов, которых не было бы, если бы не существовало людей, — относятся к доиндустриальной эпохе до 1850 года. У каждого региона свой уровень доиндустриальных выбросов [Pappas 2012].

В исследовании показано, что осталось в атмосфере от самых ранних антропогенных выбросов углерода. Эти доиндустриальные выбросы углерода, возникшие в результате массовой вырубки лесов по мере увеличения населения Земли, составляют 9 % от текущих общих выбросов, которые создают парниковый эффект.

Кроме вырубки лесов, человечество зависело от сжигания древесины, отравляющего планету. Со временем это привело к изменению климата и загрязнению воздуха древней Европы.

> В древних домах разжигали огонь, и последствия этого видны в почерневшей легочной ткани мумий из Египта, Перу и Великобритании. Сомнительна ценность первенства римлян, задолго до промышленной революции начавших засорять воздух металлическими загрязнителями [Morrison 2016].

Загрязнение воздуха было проблемой в Древнем Риме. Жителям столицы давали прозвища по их роли в загрязнении воздуха Рима: *gravieriscaele*, или «тяжелые небеса», *infanisaer*, или «зловонный воздух». Но более двух тысячелетий назад римское право считало, что гражданские действия важнее последствий загрязнения воздуха. Римская империя впервые ввела то, что теперь стало Законом о чистом воздухе. Император Юстиниан в 535 году провозгласил, что римские граждане имеют право на чистый воздух. Он писал: «По закону природы эти вещи являются общими для человечества — воздух, проточная вода, море». Арктические ледяные керны хранят следы плавки при производстве свинца и меди. Побочный продукт плавки свинца вызвал десятикратное увеличение содержания свинца в окружающей среде. К 1200 году «лондонские леса были вырублены, и город стал переходить на ввозимый морским путем уголь... Уже в 1280 году звучали жалобы на дым от сжигавшегося угля» [Morrison 2016]. Загрязнение не только воздуха, но и воды было серьезной проблемой для греческих и римских городов, славившихся своими заполненными нечистотами улицами.

До промышленной революции и во время нее загрязнения бывали и не связаны с промышленностью. Джон Харрингтон изобрел туалеты в 1596 году, но прошли сотни лет, прежде чем они получили широкое распространение. Через 200 лет после этого изобретения ночные горшки по-прежнему использовались, а их содержимое выплескивалось на улицы, превращая их в сточные канавы. Фернан Бродель в работе «Структуры повседневности» пишет: «Свиньи свободно разгуливали по улицам, настолько грязным и ухабистым, что переходить их приходилось на ходулях» [Бродель 2007: 454]. Еще один пример непромышленного загрязнения находим в книге Лоуренса Стоуна «Семья, секс и брак в Англии, 1500–1800»:

> В городах XVIII века городские канавы обычно использовались как уборные, мясники забивали животных в лавках, а внутренности выбрасывали на улицу, трупы животных не убирали, и они гнили и разлагались; рядом с колодцами были вырыты помойные ямы, вода становилась заразной...
> [Stone 1977]

Журналист Генри Мэйхью описал состояние Темзы времен промышленной революции. В реке были такие непромышленные загрязнители, как

> продукция пивоварен, газовых заводов, химических и минеральных заводов; мертвые собаки, кошки и котята, жир, отходы с боен, всевозможная грязь с уличных тротуаров; овощные очистки; навоз из конюшен; отходы свинарников; фекалии; зола, жестяные чайники и сковородки... осколки керамической посуды, фляги, кувшины, цветочные горшки и т. д.; деревяшки; тухлая баранина и разная дрянь.

Если мы посмотрим исторические записи и различные примеры из прошлого и настоящего, то увидим, что за всем стоят иррациональные общественные системы. Эта иррациональность продолжает подрывать и разрушать окружающую среду, но она не полностью лишена оснований. За локальными, региональными и глобальными изменениями климата, происходившими с течением времени, стоит использование инструментального разума для служения навязчивой цели все большего контроля над людьми и территорией, независимо от того, какой ущерб окружающей среде наносит достижение этой цели. Климатические изменения в их разнообразных проявлениях — это иррациональность, которая заключается отнюдь не в тотальном отрицании объективной реальности изменяющегося климата, но в отказе от борьбы с этой реальностью. Главной чертой иррациональности является пренебрежение моральными ограничениями с целью завоевания окружающей среды любыми средствами, в том числе и насильственными. Альтернативная политика, защищающая климат, вызывает подозрение и рассматривается как угроза корыстным интересам тех, кто одержим завоеванием окружающей среды. В духе того, что Ричард Хофштадтер называет параноидальным стилем мышления, исторически разрушение окружающей среды продвигается как навязчивая идея, которая лишает возможности рассматривать различные альтернативы, противоречащие глубоко укоренившимся убеждениям. Готовность применить насилие против любой предполагаемой угрозы является свидетельством такой параноидальной тенденции.

Это «конфронтация противоположных, совершенно непримиримых интересов» [Hofstadter 1965: 38]. Продолжающаяся атака на окружающую среду иррационально выражается в неспособности представить любую перспективу, которая предполагает уменьшение вреда, наносимого климату. По своей сути иррациональность следует понимать как набор убеждений, которые необходимо принимать без критического осмысления. Иррациональная политика в отношении изменения климата, склонная к деструктивным действиям, ведет к нигилизму. Это стремление к небытию содержит в себе когнитивный диссонанс, выражающийся в фиксации только на наборе убеждений, которые служат для оправдания разрыва между верой и неприемлемой реальностью. Такую иррациональность следует рассматривать как непреодолимую фиксацию на цели, независимо от реальности и последствий конкретных действий. Иррациональность подразумевает развязывание крайних форм насилия, особенно тех, которые ведут к геноциду. Исторические документы свидетельствуют о том, что практика геноцида разрушительна для окружающей среды.

Глава 4
Геноцид и изменение климата

Со временем действия, направленные на геноцид, стали ассоциироваться с изменением климата. Опираясь на научные исследования, ученые пришли к единому мнению, что геноцид всегда связан с намерением. Массовые убийства преднамеренны, и это отличает геноцид от массовой гибели людей в результате, например, природных катастроф, вспышек заболеваний или непреднамеренного убийства мирного населения в военное время. Считается, что действия имеют отношение к геноциду, если они производятся в рамках политики, направленной на искусственное создание голода и условий для распространения различных заболеваний во время переселения, а также на использование принудительного труда. Проводимая политика заставляет население изменить поведение таким образом, что это приводит к массовым смертям. Воздушные бомбардировки гражданского населения являются примером геноцида, если нападающие преследуют цель массовых убийств. Насильственные перемещения или депортации тоже геноцид, если людей, не имеющих средств к существованию, заставляют переселяться. По этим примерам понятно, что инициаторы геноцида принимают сознательные и просчитанные решения, заранее зная, что они приведут к гибели большого числа мирных людей.

Процесс геноцида обычно осуществляется меньшинством, состоящим из разных политиков, например членов правительства, глав государств, представителей военных, парламентских и полицейских организаций. Это меньшинство хорошо организовано и является малым сегментом общества, но оно монополизирует и использует крайние формы насилия. Практика геноцида возникает и применяется, когда она выбирается в качестве лучшего варианта действий, позволяющего справиться с кажущимися угрозами государству. Если геноцид применяется как политический инструмент, то разными способами проводятся расчеты и эксперименты в отношении наиболее эффективного использования силы. Как только так называемые инициаторы геноцида решают, что действия, направленные на геноцид, необходимы и эффективны, они становятся одержимы идеей массовых убийств.

Очень часто бывает так, что военное время создает исторический контекст для геноцида: он становится частью военной стратегии по определению целей среди мирного населения. Боевые действия в сочетании с геноцидом могут либо быть политикой военного времени, направленной на целевое меньшинство внутри страны, либо сочетаться с войной с внешним врагом. Война рассматривается как крайняя форма насильственного изменения общества, используемая в связи с действиями, которые носят характер геноцида. Его инициаторы воспринимают войну как средство быстрой трансформации общества. Намеченные жертвы не могут дать отпор. Предпосылкой для осуществления геноцида, помимо прочего, является постепенная дегуманизация намеченных жертв. Примеры из истории показывают, что массовые убийства во время геноцида происходили повсеместно в связи с конкретными целями. До XX века геноциды совершали империалисты, завоевывавшие и уничтожавшие коренные народы с целью наживы. Расширение государств многое говорит нам об исторических истоках геноцида. Аграрная революция стала предпосылкой для геноцидных практик. Стремясь получить доступ к новым землям и имея возможности применения военной силы, армии стали применять эту практику ведения войны. Государства, озабоченные победой, стремились уничтожить вражеские государства раз и навсегда. Массовые убийства, продажа оставшихся в живых в рабство и, в конце концов, предотвращение будущих угроз — все это делало практику геноцида функциональной. Помимо ведения войн с целью геноцида, победители становились колонизаторами. В процессе колонизации империалисты уничтожали население и окружающую среду одновременно. В 1492 году первооткрыватель Колумб, прибывший в Новый Свет с целой флотилией, был назначен наместником и губернатором некоторых Карибских островов и Северной Америки. Учредив присутствие на острове Эспаньола (территория, которая сегодня стала Гаити и Доминиканской Республикой), Колумб ввел политику, поощрявшую рабство и практику геноцида, с намерением истребить коренной народ таино.

В результате геноцида к 1496 году численность таино сократилась с почти восьми миллионов до примерно трех. Действия, направленные на геноцид, продолжались до 1514 года. Согласно испанской переписи населения, из народа таино выжили только 22 000 человек. К 1542 году их осталось только 200. Это резкое сокращение численности таино было вызвано обложением их данью, введенной Колумбом в 1495 году. Насильственное взимание дани удовлетворяло испанскую страсть к золоту. Каждый юноша таино старше 14 лет становился рабом и должен был работать на хозяина. Он должен был отдавать испанцам определенное количество золота. В случае неуплаты дани ему отрубали кисти рук и оставляли умирать от кровопотери. Пока Колумб был губернатором, погибли сотни тысяч людей. Дегуманизация таино была успешной. В дневнике Бартоломе де лас Касас описаны случаи извращенных актов садизма, когда испанские колонисты массово вешали таино, сжигали их заживо, расчленяли детей и кормили ими собак. Испанцы развлекались тем, что заключали пари, кто сможет мечом или топором разрубить человека или отрубить ему голову одним ударом.

Ужасна цена, оплаченная человеческими жертвами, но такая политика имела последствия и для экологии. Ученые из Университетского колледжа Лондона изучили воздействие колонизации Америки в конце XV века на окружающую среду и нарушение климата Земли в результате массовых убийств. Колонизация Америки европейцами, сопровождавшаяся массовыми убийствами большого количества аборигенов, привела к экологическим последствиям по причине трансформации окружающей среды. По оценкам авторов исследования, через сто лет после прибытия Колумба в Америку, в 1492 году, в результате распространения заболеваний и массового убийства европейцами представителей коренных народов их численность сократилась на 90 %. Ученые подсчитали, что в течение первых лет после испанского завоевания погибли 55 миллионов аборигенов. Вследствие обширного сокращения населения 56 миллионов гектаров земли оказались брошены, что привело к восстановлению лесной и прочей растительности. Эта дополнительная растительность стала поглощать достаточное количество углекислого газа, что существенно охлаждало планету. Действия, имевшие характер геноцида и повлекшие за собой массовые убийства коренных народов, были результатом политики, оказавшей глобальное влияние на Землю:

> Гибель 50 миллионов человек привела к тому, что вновь растущий лес дополнительно поглотил 13 миллиардов тонн углерода. Это означает, что концентрация углекислого газа в атмосфере снизилась примерно на 6 ppm. В дальнейшем более низкий уровень CO_2 привел, как и ожидалось, к глобальному похолоданию, которое наблюдалось с 1594 по 1677 год [Lewis, Maslin 2018: 181–182].

Другими словами, утверждают исследователи, Великое вымирание коренных народов Америки было не только актом геноцида. Его следует рассматривать как причину уменьшения уровня CO_2 в атмосфере, что, в свою очередь, повлияло на падение глобальных температур. Это снижение температуры, вызванное геноцидом, устроенным испанцами в Америке, привело к так называемому малому ледниковому периоду, продолжавшемуся с 1350 по 1850 год. Это было время, когда в Лондоне зимой замерзала Темза, в Португалии нередко случались снежные бури, а общая дестабилизация сельского хозяйства вызвала голод в европейских странах.

Это явление, произошедшее до промышленной революции, вместе с колумбовым обменом стало определяющим для антропоцена. Резкое падение углекислого газа, известное также как *Orbis Spike* (в переводе — «мировой гвоздь»), — явление, когда Западное и Восточное полушария соединились, став глобальной экономической системой. Империализм, существовавший в разнообразных проявлениях и в разные периоды, следует рассматривать с точки зрения преображения физической среды в угоду империалистам, которые могли бы извлекать из нее материальные выгоды. Преследуя эту цель, государства — инициаторы геноцида оправдывали его существование до начала XX века. Государства, участвующие в практике геноцида, повсюду извлекали прибыль, жестоко завоевывая другие государства и создавая колонии. В исторических документах очень много примеров развязывания геноцида параллельно со строительством империй. Жертвы гибли, потому что воспринимались как препятствия на пути к цели, подлежали массовому уничтожению, потому что просто находились там, где были. Геноцид считался эффективным средством, с помощью которого государства могут контролировать людей и территории. Жгучая ненависть к жертвам не была характерна для геноцидов, совершенных до XX века. Геноциды, мотивированные ненавистью, стали происходить в XX веке. Другое отличие, которое просуществовало весь XX век, заключается в оправдании массовых убийств погоней за ценными ресурсами, такими как земля. Жгучая ненависть и желание получить доступ к все более ценным ресурсам вроде земель порождали основания для совершения геноцида.

Получение ценных ресурсов рука об руку идет с оправданием массовых убийств на высшем уровне — утопической идеологией, провозглашающей, что намеренное уничтожение конкретного меньшинства позволит преступному государству построить лучшее общество. Для этого нужно устранить предполагаемые жертвы, стоящие на пути к цели и являющиеся причиной всех проблем, с которыми сталкивается государство-преступник. Эту жгучую ненависть разжигает иррациональность. Ненависть, приводящая к практике геноцида ради конечной цели по преобразованию окружающей среды, является реакцией на изменение климата. Давайте рассмотрим конкретные характеристики этой иррациональной ненависти — сильной эмоции, которая формирует мыслительный процесс, сдвигая его в сторону бредового мышления. Ненависть интенсивно проявляется вовне: это ярость, свобода нападать и получать удовольствие, видя, как страдают другие. Ярость не носит временный характер, — наоборот, ее подогревает фиксация на объекте. Целью этой фиксации является поддержание постоянного уровня ненависти к тому, кто является ее мишенью. Ярость оправдана интенсивностью ненависти, чувством обделенности, потому что в основе этого лежит зависть к объекту ненависти. Патологическая ненависть выражается в навязчивых попытках причинить вред другим. Корни этой ненависти уходят в безответственную свободу разрушать образ жизни других людей. Тот, кто ненавидит, способен видеть реальность, только возлагая вину на дегуманизированный объект, и не может не воспринимать других как угрозу. Эта угроза вымышленная. Проецируя собственные страхи, испытывающий ненависть не может справиться со своими проблемами и параноидально приписывает другим некие мотивы. Испытывающий ненависть приписывает свои недостатки объектам ненависти. Ненавидящий живет в страхе, опасаясь других людей, становится параноидальной личностью. Он оценивает реальность как исходно негативную, поскольку другие люди ведут себя подозрительно. Ненавидеть означает перекладывать причины собственных неудач на других и пребывать в состоянии хронической злобы. Ненавидящие зациклены на себе. Они думают, что им не везет в жизни из-за действия безымянных и невидимых сил. Чувство сильной ненависти формирует картину мира, которая соответствует такому нарративу. Ненавидящие создают собственную картину реальности. Лишившись объективного взгляда на реальность, они легко усваивают множество ложных убеждений, которые помогают им интерпретировать события через призму иллюзий. Таким образом, ненависть возводит преграду между «тем, кто есть я» и «не мной». Когда эта преграда используется для определения «не меня» как «противоположного мне», как «имеющегося у меня врага», ненависть получает рациональное оправдание.

Превращать тех, на кого направлена ненависть, в козлов отпущения — один из способов рационализации. Чтобы прийти к, как кажется, веским причинам презирать группы людей, нужно где-то найти врага. Чтобы служить угрозой, враг должен быть поблизости. Чтобы ненависть возникала и воспроизводилась, необходимо то, что определяется как

> культура ненависти — естественное сообщество, которое порождает и поощряет ненависть. У этой группы общая история и, как правило, общий язык, страна или ее субкультура. Лидеры, образовательные учреждения, господствующие религиозные силы — каждый индивидуально или сообща — внушают членам сообщества свое токсичное отношение к выбранному врагу [Gaylin 2003: 195].

В своей книге «Портрет еврея» Альбер Мемми обращает внимание на существование антисемитской ненависти как части культуры ненависти:

> В антисемитизме нет ничего оригинального. Брань, обвинения, агрессия всего лишь отражают удивление, ярость и желание всего нееврейского общества убивать. Антисемитизм открыто заимствует язык, образы и навязчивые темы у общества, в котором он проявляется. А когда антисемиты доходят до убийства, то они совершают его, потому что думают, что у них есть на него право [Memmi 2000: 52].

Страдающие паранойей антисемиты мобилизуют ненавидящих. Рассматривая евреев как отличающихся от них, они развивают бредовый мыслительный процесс и приписывают евреям отвратительные черты. Это нужно, чтобы оправдать действия, предпринимаемые против евреев. Давая определение евреям, антисемит пользуется свободой быть иррациональным. Антисемит конструирует такой мифический образ еврея, который четко соответствует его искаженной картине мира. В процессе ненависти к евреям происходит очевидная сепарация от объекта: евреи представляются как более сильные, как инородцы, а их отрицательные черты позволяют воспринимать их как угрозу. Отношение к евреям —

один из примеров того, как интенсивность ненависти выступает средством разделения и создает ложные барьеры между людьми.

Ненависть вообще является по определению расизмом. Расизм — это установление любого количества возможных реальных (не представляющих угрозы) и воображаемых различий, используемых в интересах тех, кто выдвигает обвинения и в ущерб обвиняемым, с целью рационализации превосходства и привилегий расистов. Другими словами, «расизм <...> систематическая попытка оправдать агрессию и превосходство над людьми, объявленными биологически низшими существами, со стороны другой группы людей, которая ставит себя выше» [Memmi 2000: 185]. Быть расистом означает питать безосновательную и ненаучную идею о чистых и о высших расах. Исследования убедительно показывают, что люди представляют собой смесь разных народов. Если придерживаться расистского образа мыслей, то приходится защищаться от другого человека, потому что он чужой и странный. В результате можно прийти к рациональным выводам, оправдывающим агрессию против этих других. Мемми выявляет универсальные и частные особенности расистской мысли: «Расистская философия сводит эти рассуждения воедино и приводит в некое соответствие — это тенденция обобщать и абсолютизировать. За каждым очернением и осуждением отдельного человека обязательно стоит осуждение группы, к которой он принадлежит» [Memmi 2000: 194].

Идеологическая ненависть и экологические проблемы на протяжении всего XX века выступали в качестве предпосылок для участия в геноцидных практиках. Империалистическое устремление к захвату дополнительных территорий либо желание отреагировать на сокращение захваченной территории становятся причинами массовых убийств. Развитие таких событий разворачивается в контексте ведения войны. Совершение геноцидов в XX веке начинается с геноцида армян, одной из причин которого стали территориальные споры в Османской империи. История обвинений и преследований армянского меньшинства является результатом провала реформ, действий авторитарных правителей и военных неудач во время Первой мировой войны.

Поскольку XX век стал веком геноцида и политика геноцида часто, хотя и не всегда, проводилась на фоне войн, есть смысл напомнить, что концепция экоцида должна включать разрушение физической среды и обесценивание человеческой жизни. Если жгучая ненависть часто сопутствовала геноциду, то она была связана с политикой преобразования территории. Перестройка сельского хозяйства в СССР была частью сталинского плана построения социализма в отдельно взятой стране и сопровождалась голодом 1932–1933 годов, известным как голодомор, то есть истребление с помощью голода. Сталин использовал голод и для другой цели — для подавления украинских крестьян, недовольных коллективизацией. Массовый голод был политическим оружием против того, что Сталин воспринимал как движение за независимость.

Еще одним аспектом радикального преобразования физической среды в связи с социализмом в отдельно взятой стране стал процесс геноцида, связанного с быстрой индустриализацией, когда были созданы принудительные трудовые лагеря, известные как ГУЛАГ. К 1934 году ГУЛАГ, или Главное управление исправительно-трудовых лагерей, расположенный в удаленных частях Сибири и Крайнего Севера, превращал заключенных в трудовых рабов и бросал их на строительство колоссальных инженерных проектов, таких как Беломорканал, Волго-Балтийский водный путь, Байкало-Амурская магистраль, множество гидроэлектростанций, а также сотен дорог и промышленных комплексов в Сибири и на севере России. Рабский труд в опасных условиях использовался для добычи угля, меди и золота. По мере наращивания Сталиным числа промышленных проектов требовалось все больше заключенных ГУЛАГа. Рабской рабочей силой были самые разные категории политзаключенных: раскулаченные крестьяне, жители приграничных районов, попавшие в заключение по религиозным мотивам, госслужащие, приговоренные за разные политические преступления, и военные преступники.

Геноцидные намерения в истории Турции и СССР принимали форму акций экоцида, подорвавших и разрушивших окружающую человека среду. Позже основополагающими принципами международного права стали право на жизнь, закрепленное во Всеобщей декларации прав человека, и запрет на массовые убийства — в Конвенции о предупреждении преступления геноцида и наказании за него. Эти документы далеки от совершенства. В них не говорится, что право на жизнь имеют и другие формы живого, например животные, и не говорится о необходимости сохранить их. Массовое истребление животных следует считать экоцидом. Философские корни массовых убийств животных можно понять из слов Питера Сингера, который определяет «видовую дискриминацию» в «Освобождении животных» как «...ущемление интересов представителей других видов ради выгоды своего вида» [Сингер 2009: 54]. Действуя как сторонники видовой дискриминации, люди не считают, что животные достойны жить без боли, страданий и массовых убийств. Покорение природы, эксплуатация природы связаны с эксплуатацией и массовыми убийствами животных. Английский философ Иеремия Бентам понимал последствия эксплуатации животных, когда писал: «Может наступить день, когда остальная часть мира живых тварей обретет те права, которые не могут быть отняты у них иначе как рукой тирании»[1].

Со временем угнетение животных стало связываться с угнетением людей. Согласно Чарльзу Паттерсону, автору «Вечной Треблинки», идея превосходства людей над природой и, в частности, над животными состоит в «иерархическом мышлении, построенном на порабощении/приручении животных, которое началось 11 000 лет назад» [Patterson 2002: 25]. Это означает, что причиной угнетения животных является не только понятие превосходства человека, но и то, что подавление людей коренится в доведении людей до более низкого животного состояния. При массовых убийствах в XX веке неоднократно использовались сравнения человека с животными как средство дегуманизации намеченных жертв геноцида. Для совершения геноцида необходимо сперва определиться с тем, кто будет жертвой, а затем собрать всех в одном месте. Одомашнивание диких животных становится предпоследним шагом на пути к их массовому

---

[1] Цит. по: [Бентам 1998: 174]. — *Прим. ред.*

убийству. Заявление о превосходстве человека произносится наряду с покорением чужих земель, представлением неевропейцев как низшей формы жизни — дикарями и зверями. «Европейские исследователи и колонисты, которые у себя дома жестоко обращались с животными, убивали и ели их в беспрецедентных для того времени масштабах, отправились в другие части света» [Patterson 2002: 27]. Это умонастроение европейцы перенесли в Северную Америку и стали относиться к индейцам и рабам из Африки не лучше, чем к животным. Рабы приравнивались к поголовью скота, а индейцев укрощали, контролировали и уничтожали, как диких животных. Американская кампания на Филиппинах, по сути, была военной завоевательной деятельностью. Повстанцы изображались дикарями и гориллами. Во время Второй мировой войны японцев называли «желтыми макаками». Эта привычка давать прозвища сохранялась и во время Вьетнамской войны, когда вьетнамцев называли «узкоглазыми».

Исторические документы переполнены отношением к евреям как к низшей форме жизни. Нацистская пропаганда систематически называла евреев «паразитами», «гадинами» и, используя слова Гитлера, «бациллами», которых следует уничтожить. Авторы обширных исследований Холокоста считают трудовые лагеря и лагеря смерти конвейерами для массового уничтожения еврейского населения Европы. Ужасны не только убийства на этих фабриках смерти. Потрясает, что «Холокост напоминает скотобойню. Есть связь между забоем скота в промышленных масштабах и массовым убийством людей» [Patterson 2002: 49]. По мере продвижения к «окончательному решению еврейского вопроса» существенным аспектом этого процесса была дегуманизация будущих жертв: людей нужно было найти, собрать вместе и превратить в нелюдей.

При обращении с жертвами как с низшими формами жизни нацистские преступники использовали особый язык, чтобы этот процесс казался справедливым. Представитель Франкфуртской школы Теодор Адорно заметил, что Освенцим начинается везде, где кто-то смотрит на бойню и думает: «Они всего лишь животные». Повторимся: исследователи Холокоста говорят об одержимости нацистов ускорением процесса массовых убийств в трудовых лагерях и лагерях смерти. Это можно сравнить с процессом массового забоя животных, который со временем ускорялся, благодаря более быстрым конвейерам и увеличению количества животных, отправляемых на убой. Побывав на скотобойне в Чикаго, будущий автопромышленник Генри Форд вдохновился увиденным и создал промышленный конвейер для сборки автомобилей. Нацисты тоже извлекли уроки из процесса переработки скота на чикагской скотобойне и перенесли эти практики на переработку человеческих тел: свои жертвы нацисты воспринимали как животных. Тактика, применявшаяся нацистами, когда они заставляли жертву полностью раздеться, а потом быстро гнали ее на смерть, также имеет поразительное сходство с загоном стада и забоем животных. Немногие, кто остался в живых после лагерей смерти, свидетельствуя против нацистских преступников, рассказывали, что места, куда собирали жертв перед смертью, были похожи на туннели, трубы или дорогу в рай. «В Су-Фолсе (штат Южная Дакота) подземный ход длиной почти в квартал, по которому скот перегоняют со скотного двора на мясокомбинат в Моррелле, называют "туннелем смерти"» [Patterson 2002: 112].

Как нацистские лагеря смерти, так и скотобойня — это воплощение бойни в промышленных масштабах: в обоих случаях происходит физическая изоляция жертв. И лагеря смерти, и скотобойни — это островки замкнутого в себе мира: «интересно, что для убийства в промышленных масштабах с помощью стен, экранов, мостков, заборов, контрольно-пропускных пунктов и географических зон изоляции и заключения мы создаем дистанцию» [Pachirat 2011: 9]. С такой дистанцией проще превратить жертв в неодушевленные предметы, а это необходимо, чтобы совершалось то, что совершается и в лагерях, и на скотобойнях. После забоя животные превращаются в товар: коровы становятся стейками, гамбургерами и ростбифами; свиньи — свининой, беконом или колбасой. Происходит отчуждение от окружающей среды.

Существуют обширные доказательства влияния производства мяса на экологию. Давайте рассмотрим последствия для окружающей среды с точки зрения исчезновения лесов в Латинской Америке. Бассейн Амазонки расчищается для обитания крупного рогатого скота. Леса выжигаются, при этом в атмосферу попадает огромное количество углекислого газа. Утрата биоразнообразия из-за разведения крупного рогатого скота разрушительно действует на среду обитания. При производстве мяса выделяются парниковые газы, метан, CO_2 и закись азота. Из разлагающегося навоза выделяется большое количество метана. Использование удобрений создает закись азота. По оценкам Продовольственной и сельскохозяйственной организации ООН, на мясную и молочную промышленность приходится 14,5 % глобальных парниковых газов. Жестокое обращение с животными и их убийство являются формами экоцида, тем более что компоненты окружающей среды взаимосвязаны. Причинение боли животным уменьшает нашу способность к состраданию. Убийство животных в промышленных масштабах является преступлением против природы. Согласие с массовым убийством животных связано с согласием с идеей массового убийства людей. Геноцид как намерение истребить целевое меньшинство ведет к экоциду. Отказ в праве на жизнь живых существ — это преступление против природы. Когда люди убивают других людей, происходит убийство окружающей среды.

Когда случается геноцид, он не только является преступлением против человечества, он разрушает связи человечества с тем, что должно быть гармонией природы. Крах социальной системы в результате геноцида приводит к разладу в обществе. Другие примеры геноцидных практик, существовавших на протяжении XX века, связаны с культурой, которая способствует разрушению экологии. Геноцид движим ненавистью в сочетании с навязчивой идеей приобретения и расширения контроля над территорией. Неспособность преодолеть государственную идеологическую ненависть в погоне за господством над другими нарушает любое гармоничное взаимодействие с природой.

«Окончательное решение еврейского вопроса» было общественным проектом, цель которого — сделать убийство расовых врагов режима, евреев, нормой. При этом еще одной задачей Холокоста было решение проблемы окружающей среды. Военные кампании были развязаны для захвата Восточной и Западной Европы и обретения для Германии *Lebensraum* («жизненного пространства»). Гитлеру казалось, что получение дополнительных земель решило бы сразу две проблемы: расовые враги Германии были бы уничтожены, при этом произошла бы колонизация других земель и немецкий народ был бы накормлен. Практика геноцида в XX веке связана с использованием крайних форм насилия в целях изменения окружающей среды путем изменения географического пространства. Цели геноцида и экоцида связаны. Гитлер в своих речах на протяжении многих лет и затем и в «Mein Kampf» провозглашал яростный антисемитизм. Он говорил, что Германия окружена враждебными державами, которые во время и после Первой мировой войны поставили страну в зависимость от импорта. Захватническая война с истреблением людей, ведущая к *Lebensraum*, решила бы проблему нехватки продовольствия и освободила бы Германию от ее расовых врагов.

В походе на Советский Союз эта связь между геноцидом и экоцидом сомкнулась. Айнзацгруппы, полиция порядка и советские коллаборационисты из-за массовых расстрелов устраняли заявленную расово-политическую угрозу. В Генеральном плане «Ост», как его называли, было задумано массовое перемещение населения, что, по существу, привело бы к голодной смерти почти 30 миллионов советских людей. Массовые перемещения населения происходили во время более ранней польской кампании. Тогда евреев согнали в гетто. Это была политика сдерживания, а нацистские преступники тем временем обдумывали варианты действий. В конце концов, по мере развития системы лагерей евреи Польши были депортированы в поездах и обречены на смерть в трудовых лагерях и лагерях смерти. Такие действия были предприняты на этапах «окончательного решения еврейского вопроса». Они схожи с предыдущими примерами массовых убийств, предпринятых для изменения формы пространства, его трансформации и разрушения. Изменение пространства ради деструктивных целей характерно для действий, направленных на причинение вреда физической среде. У геноцидов в Турции, Советском Союзе и нацистской Германии есть общее: эти режимы изменяли территорию с целью разрушения. Несмотря на намерения и извращенные утопические представления инициаторов упомянутых геноцидов, эти и другие геноциды ведутся в рамках тотальной войны. Завоеванные земли и расчищенная в результате войны территория становятся необитаемыми.

Эти геноциды возникали на почве ненависти, в то время как развязывание мировой войны для захвата территории произошло ради утопического представления об избранной нации. В других случаях геноцид был реакцией на земельные споры. Изменение климата становилось предпосылкой геноцида в разных точках мира. Напряженность и конфликты между народами тутси и хуту до деколонизации и во время нее были связаны в том числе с проблемами экологии. В отчете Всемирного банка за 2004 год Руанда представлена как страна с высокой плотностью населения и со скудными запасами пригодной для использования земли, что представляет угрозу как для природной среды, так и для стабильности страны. Густонаселенность на небольшой площади оборачивается перенаселением и бедностью по мере сокращения доступных земель. Из-за политики правительства людям стало сложно перебираться из деревень в города. В результате проводимой политики были ограничены продажа земли, свобода передвижения и возможность трудоустройства. Отсутствие планирования семьи и неспособность урегулировать конфликты мирным путем были факторами, которые привели к недовольству населения страны. Еще одним фактором, способствующим возникновению геноцида в Руанде, стало уничтожение лесов. В результате ускоренными темпами стали исчезать биоразнообразие и водно-болотные ресурсы, а также происходить эрозия почвы. Эти факторы сочетались с режимами постколониального периода, которые воспользовались недовольством хуту в сельской местности и их настроем против тутси. Военная угроза, исходящая от беженцев тутси из Уганды, стремившихся вернуться в Руанду, чтобы заявить права на свою землю, еще больше разозлила хуту. Ненависть хуту к тутси подпитывалась радиопередачами, в которых о тутси говорили как о «тараканах» и обещали, что земля, отнятая у убитых тутси, будет перераспределена среди хуту, у которых земли не было. Хуту убивали тутси в силу этнической ненависти и желания вернуть скудные земли, которые, как они считали, принадлежали им. Нехватка земли в Руанде была фактором геноцида.

Экологический кризис в Дарфуре в Судане привел к экоциду, а затем и этноциду. Регион Дарфур населяют представители множества племенных кланов. Кризис в Дарфуре начался в конце 1980-х годов, когда безземельные арабы попытались организованно отобрать свой дар, или землю, у чернокожих фермеров. С выходом доктрины, провозглашающей расовое превосходство арабов, вспыхнули ожесточенные столкновения между арабами и фурами, самым многочисленным племенем земледельцев в Судане. В ходе этих столкновений погибло около 3 000 представителей племени фур, были разрушены сотни деревень. Источником конфликта стало опустынивание, приведшее во второй половине XX века к длительным периодам засухи. В результате арабские племена в Дарфуре мигрировали со своим скотом в сельскохозяйственные угодья местных фермеров. Усиление конкуренции за ограниченное количество земли, пригодной для сельского хозяйства, переросло в полномасштабные конфликты с применением насилия. В ответ чернокожие дарфурцы восстали и обратились за помощью к суданскому правительству. Тогдашний президент Судана Омар Хасан Ахмед аль-Башир предоставил оружие и финансирование отдельным арабским племенам, чтобы они могли нападать на гражданское население, поддержавшее восстание чернокожих фермеров. Конфликт вызвал массовый поток беженцев: два миллиона человек разбили лагеря в Дарфуре и более 200 000 бежали в Восточный Чад. Ситуация в Чаде имела признаки этноцида и экоцида. Острая нехватка древесины и воды в Чаде создавала нагрузку на окружающую среду и повышала риск конфликта между чадцами и беженцами. В результате конкуренции за скудные ресурсы происходили нападения на беженцев. Корни этих этнических конфликтов уходят в периоды засух, которые пережил Дарфур в результате нарушения характера движения африканских муссонов, вероятно вызванного глобальным изменением климата.

В Нигерии повышение температуры и засуха привели к вынужденной миграции пастухов народа фулани. Произошло их столкновение с сельскохозяйственными общинами. Изменение климата обострило напряженность между мусульманами фулани и христианами этих общин. С 2010 года в этих столкновениях погибло около 6 500 человек.

На примере Сирии можно также увидеть связь между экоцидом и попыткой геноцида. Гражданской войне, начавшейся в 2011 году, предшествовала продолжительная засуха. В результате

миграция обострила существующие трения с правящим алавитским режимом во главе с Башаром аль-Асадом. Антиправительственные протесты стали более интенсивными; большинство из них проходило в районах, пострадавших от засухи. Правительство стало убивать мирных жителей, особенно в городах, которые теперь были перенаселены. Протесты, с одной стороны, и репрессии, инициированные правительством, с другой, переросли в гражданскую войну с растущим числом массовых зверств со всех сторон. Вследствие дестабилизации в Сирии появилось несколько вооруженных группировок, наиболее известной из которых является ИГИЛ. Террористическая группировка начала кампанию по уничтожению езидов, которую Совет ООН по правам человека объявил геноцидом [Kiel 2019].

Глава 5
Иррациональные и разрушительные аспекты капитализма

Разрушение климата в глобальном масштабе началось с движением капитала. Существуют два противоположно направленных движения капитала. С одной стороны, исторический рост того, что возникает как жизнеутверждающая деятельность, совпадает с периодом образования рынков. С другой стороны, происходит экспансия капитала, и степень ее такова, что связь капитала с его цивилизаторской деятельностью прекращается. Поскольку капитал направлен на накопление, он проявляется как накопление, подрывающее и разрушающее жизнь в планетарном масштабе. Исторически толчок к превращению того, что кажется улучшающим жизнь, а заканчивается отрицанием жизни, происходит во времена промышленной революции. Свойственное капитализму единение жизни со смертью в государственном масштабе начинается в Англии и с разной скоростью распространяется по всему миру. Через много лет, по мере того как складывались предпосылки английской революции, происходила трансформация общественных отношений. Возникает социальная система, рассматривающая все взаимодействия под углом конечной прибыли. Это означает, что рабочая сила превращается в товар, предназначенный для продажи. Кроме того, капиталисты связаны диктатом рынка, обязывающего производить товары для потребления. Структура общественных отношений вынужденно подчиняется цели накопления капитала, в том числе трудовой процесс, поскольку рабочая сила тоже продается как товар. В свою очередь, капиталисты покупают рабочую силу для того, чтобы производственный процесс мог привести к максимизации прибыли для накопления капитала.

Исторический контекст этого процесса появляется на Западе, когда в Англии начинается индустриализация. Предпосылками послужило преобразование деревни, приведшее к созданию материальных основ конкурентоспособного производства. В результате крайне важным было создание продуктивного промышленного сектора, который мог бы поддерживать многочисленную рабочую силу, не занятую в сельском хозяйстве. Эта рабочая сила, в свою очередь, служит основой для развития промышленного капитализма. С формированием аграрного капитализма появилась рабочая сила, лишенная доступа к материальным средствам производства и иных возможностей, кроме продажи труда в качестве товара. Такая трансформация социальных отношений вкупе со ставшими доступными материальными ресурсами подготовила почву для подталкивания Англии не только к промышленной революции, но и к изменению климата. Климатические изменения в эпоху промышленной революции начали происходить из-за зависимости от ископаемого топлива, и особенно в связи с экстенсивным сжиганием угля. Поставив цель по увеличению производительности, промышленный капитализм, используя технологии, вызывает деградацию окружающей среды. С началом использования парового двигателя излюбленным топливом становится уголь. Использование хлопка привело к еще большему накапливанию промышленного капитала в форме фабричной системы. Сочетание этих факторов определило вектор развития английской промышленной революции, которая сопровождалась идеей о том, что повышение эффективности производства приведет к более цивилизованному обществу. Эта цель упускает из вида растущее подчинение трудового класса фабричной дисциплине.

Промышленная революция — отправная точка небывалого завоевания природы, применения технологий, изменяющих природу, без учета разрушительных для нее последствий. Жизненный цикл капитала увеличивается, поскольку его объективное существование способствует сокращению времени существования рабочей силы. Происходит это из-за увеличения продолжительности рабочего дня, небезопасных условий труда и вследствие таких побочных явлений, связанных с добычей угля, как загрязнение воздуха, земли и воды. Неустанное стремление к накоплению капитала реализуется частично за счет отказа от прежних способов производства. Высвобождаются разрушительные силы, подрывающие гармонию окружающей среды. Для максимизации производства прибавочной стоимости увеличивается эксплуатация труда, что приводит к снижению качества жизни рабочего.

Капитализм одержим идеей уничтожения любых преград на пути к накоплению, ради экспансии он действует без оглядки на окружающую среду и на объемы разрушений. Промышленный капитализм развивается на фоне двух революций. Одна революция происходит в технологиях, а вторая — в организации производственного процесса. Трудовой класс, как новая форма общественного бытия, теперь находится под диктатом режима рабочего времени и идеи массового производства, связанной с массовым потреблением. При этом не прекращается экономический сдвиг от сельского хозяйства к обрабатывающему производству. В результате общественная система постоянно меняет способ организации общественных отношений. По мере развития нового образа жизни и цивилизации исчезает динамизм, способный повысить качество жизни, поскольку упускаются глубинные социальные воздействия на окружающую среду. Это тесно связано с ростом промышленного капитала, склонного к накоплению и движимого идеей максимального использования дешевой рабочей силы. Общественная организация рабочего класса имеет целью максимально увеличить производительность труда. Вместе с этим общество приносит рабочему классу вред:

> Некоторые ткацкие фабрики принуждают рабочих трудиться по 16 часов в день, включая субботу. Традиционные праздничные дни, когда деревенские работники отдыхали, оказались под угрозой, потому что на новых фабриках стали штрафовать за самовольную неявку. Наконец, с за-

водскими профессиями для многих рабочих были связаны новые опасные физические риски, например пыль от текстильных волокон, несчастные случаи на угольных шахтах и множество увечий из-за быстро двигающихся частей машин, у которых, как правило, не было ограждающих защитных устройств [Stearns 2013: 35].

Не должно быть никаких ограничений в непрерывном расширении производственного процесса, поскольку внешним выражением непрекращающихся изменений является организация фабрик и других отраслей производства, из-за которых население британских городов, рабочий класс и небольшой, но увеличивающийся класс капиталистов постоянно растут. Такой неконтролируемый рост встроен в промышленный капитализм. Эта общественная система должна расти или умереть, поскольку двигателем всего процесса являются непрерывные инновации. Одержимость все большей эффективностью и все большей производительностью в рыночном контексте навязывает стремление к вечному изменению. Система постоянно сметает любые препятствия, которые сдерживают экспансию капитала. Хотя возникавшие повсюду промышленные революции и отошли от английской модели, они обладали некоторыми общими свойствами.

Они разворачивались в ответ на экстенсивные технические и организационные трансформации, которые коренным образом изменили классовые отношения, характер работы, повлияли на рост городов, на роль сельского хозяйства и основные черты капиталистического рынка, нацеленного на производство прибавочной стоимости. Очевидно, что в целом индустриализация носила на первый взгляд жизнеутверждающий характер. Благодаря возникновению промышленного капитализма появились определенные достижения. Двигаясь вперед, капитализм преодолел некоторые устойчивые формы человеческих страданий. В том числе наука и медицина сделали серьезные успехи в лечении различных заболеваний. Сокращение детской смертности стало возможным благодаря росту производительности, который увеличил доступность пищевых ресурсов и их надежность. Население росло и урбанизировалось, цивилизация, казалось, движется вперед. Успехи были реальными, и они являлись частью поступательного движения капитализма.

Благодаря чему такое улучшение качества жизни стало возможным? Общественная деятельность связана с условиями, сделавшими воспроизводство капитала более эффективным. Улучшение качества жизни оказалось возможным, потому что цивилизованная жизнь также обрела рыночную стоимость. Стоимость цивилизованного существования в капиталистическом обществе измеряется стоимостью, вложенной в рыночные отношения. Иначе говоря, вся жизнедеятельность становится ходовым товаром, который должен быть способен производить прибавочную стоимость. Моральные соображения в процессе достижения этой цели отсутствуют — нужна лишь деятельность, создающая условия для накопления капитала. Этот процесс можно описать как фиксацию на немедленном краткосрочном процессе накопления. Может показаться, что он продвигает жизнеутверждающую деятельность, противоречащую процессу накопления капитала, но на самом деле приводит к политике, наносящей вред окружающей среде. Сошлемся на Эрнеста Беккера, который в «Отрицании смерти» пишет о том, что капитализм функционирует как социальная система в отсутствие страха смерти. Капитализм в погоне за прибавочной стоимостью использует политику, которая угрожает подрыву жизненного цикла физической среды. Накопление капитала без учета последствий для окружающей среды равносильно отрицанию тонкого и гармоничного равновесия жизни. Капитализм сократил репродуктивный жизненный цикл среды и породил умирающую планету.

Маркс описывает этот процесс в статье об английской хлопчатобумажной промышленности, которая была опубликована в *New York Daily Tribune* в сентябре 1861 года. Он пишет, что английская революция стала возможной благодаря использованию хлопка вместе с трудом рабов, ввезенных в Америку из Африки. Маркс говорит о том, как эксплуатация труда перестраивает окружающую среду. Сочетание эксплуатации труда и радикальной перестройки окружающей среды высвобождает разрушительные возможности капитализма. Это сочетание является частью противоречий капитализма, выражающихся в созидании жизнеутверждающей деятельности, которая по мере накопления капитала ведет к деятельности, подрывающей жизнь.

Экспансия капитала с целью его накопления приводит к этому деструктивному процессу и придает ему импульс непрерывности. Можно посмотреть на капитализм с точки зрения этого противоречия: навязчивое влечение к экспансии кажется благоприятным для цивилизованной жизни, но одновременно эта же экспансия полномасштабно разоряет планету. С момента распространения промышленной революции происходит разрушение природы в увеличенных масштабах, потому что ради накопления капитала нужно взять верх над природой. Происходит завоевание пространства в планетарном масштабе. Поскольку для накопления капитала требуется все больше места, намеренно разрушается хрупкое равновесие природной гармонии.

Временной фактор играет определяющую роль, так как от скорости оборота капитала зависит рост его стоимости. Это означает, что, если капитал сталкивается со специфическими ограничениями пространства и времени, абсолютно необходимо ускорить его оборот. В соответствии с неизменным законом накопления капитала, для накопления нужно использовать любые средства, чтобы преодолеть пространственные барьеры. Поскольку капитал стремится взять верх над природой, захват незанятого пространства не учитывает возникающие при этом последствия для окружающей среды. Капитал стремится сконструировать особую форму пространства. Для того чтобы изменить пространство и заставить его функционировать ради цели накопления капитала, оно должно быть преобразовано так, чтобы не помешать накоплению. В захвате абсолютного пространства, согласно Анри Лефевру, происходит смещение задач в сторону конкретного специфического пространства. Специфичность пространства в противовес абсолютному пространству должна быть искажена для того, чтобы следовать нуждам капитала. Лефевр в своей работе «Ритманализ» описывает, как нарушается гармоничный, сбалансированный природный ритм при изменении природы в процессе добычи ископаемого топлива. В угоду накоплению этот естественный жизненный цикл заменяется искусственной жизнью капитала. «Капитал раздувается... Он убивает все вокруг в планетарном масштабе. Капитал ничего не строит. Он производит. Он ничего не воздвигает, но воспроизводит сам себя» [Lefebvre 2019: 63]. Лефевр описывает ритм капитала как генерирующий искусственные формы жизни, которые, по мере разрастания, приведут к планетарным разрушениям. Воспроизводство капитала в целом и в виде последовательных ритмов в пространстве и во времени воссоздает этот деструктивный процесс. Глобальное движение капитала способствует наступлению на окружающую среду и оказывает на нее негативное воздействие. Капитал идет дальше и в поиске нового глобального пространства переходит с одного места на другое. Это глобальное движение очевидно со времен Первой промышленной революции.

Логика капитализма игнорирует утверждение Фрэнсиса Бэкона о том, что природу можно победить, лишь подчиняясь ей. Вместо этого капитал переосмысливает природу, считая, что она должна подчиняться только диктату капитала. Природный мир, в отличие от капитала, создающего меновую стоимость, стремится производить только потребительскую стоимость. Капитализм искажает отношения человека и природы, какими они были до развития промышленного капитализма. Кооперация и взаимодействие сменяются принципом доминирования. Ключевой целью максимизации прибыли является изменение окружающей среды,

> поскольку капитал создает нехватку необходимых ресурсов, обедняет качество тех ресурсов, которые он еще не поглотил, порождает новые болезни, развивает ядерную технологию, угрожая будущему всего человечества, загрязняет всю окружающую среду, которой мы должны пользоваться для воспроизводства и в процессе ежедневного труда, и угрожает самому существованию тех, кто производит жизненно важное общественное богатство [Smith 1990: 84].

В глобальном движении капитала физическая среда противостоит внутренней логике капитала, преумножающего усилия для обретения свободы от пространственных ограничений в своем движении к высшей цели бытия без пространства. Эту цель, которую Маркс называл универсализирующей тенденцией капитала, невозможно достичь при неравномерном развитии глобального капитализма.

Глобальное неравенство и глобальная конкуренция между капиталистическими странами обесценивают общую сумму прибавочной стоимости и еще больше обостряют конфликт между капиталом и трудом. Кроме того, они усиливают тенденцию к кризису накопления, и, поскольку капитал пытается получить новые ресурсы, это вызывает изменения окружающей среды. Физическая среда оказывается в плену у капитала и трансформируется по мере того, как капитализм пытается охватить весь земной шар. Глобальное движение капитала, особенно внутри главных высокоразвитых центров производства, ведет к ускоренной добыче ископаемого топлива, которая необходима для дальнейшего создания прибавочной стоимости. В краткосрочной перспективе это обусловлено движением развитого капитализма к достижению более высокой нормы прибыли. Развитой капитализм монополизирует контроль и, таким образом, увеличивает пагубную экологическую практику, которая наносит вред окружающей среде. Пока это происходит, менее развитые капиталистические страны сосредоточены на том, чтобы догнать более развитые и получить доступ к природным ресурсам, необходимым для первоначального накопления.

В результате увеличение использования ископаемого топлива в странах развитого капитализма в совокупности с желанием менее развитых капиталистических стран подражать им приводит только к нарастанию разрушений в окружающей среде. Кумулятивное влияние изменения климата связано с глобальной страстью к накоплению капитала.

Объем парниковых газов в атмосфере достиг максимального уровня за сотни тысяч лет. Изменения целостности биосферы. Было подсчитано, что все виды, включая меня, вымирают со скоростью примерно в 1 000 раз большей, чем в доиндустриальные времена. Биогеохимические потоки, на 50 % состоящие из азота, попадают в озера, реки и океаны, где могут вызвать резкие изменения экосистем: так возникла, например, пресловутая мертвая зона в Мексике. Истощение озона в стратосфере. В 1970-х годах ученые обнаружили, что широко применяемые химикаты разрушают озон, защищающий поверхность земли от попадания вредного излучения. Закисление океана. Часть выбросов CO_2, растворяясь в морской воде, делает ее более кислой, чем в доиндустриальные времена. Этот факт может воздействовать на рост и существование кораллов, многих моллюсков и планктона, приводить к краху основных пищевых цепочек и резкому сокращению популяции морских млекопитающих. Использование пресной воды. Интенсивный забор воды для сельскохозяйственных и промышленных целей истощает основные водоносные горизонты, в то время как таяние ледников питает источники воды для многих рек. Изменение в землепользовании. Около 42 % всей свободной ото льда земли в настоящее время используется в сельском хозяйстве: по официальным данным, эта земля обеспечивает 70 % пастбищ в мире, 50 % саванн и 45 % лиственных лесов умеренного пояса. Правила использования этих земель сокращают биоразнообразие и негативно влияют на климат и водные системы Земли. Аэрозольная нагрузка на атмосферу. Большая часть холодных загрязнителей воздуха состоит из микроскопических частиц и капель, называемых аэрозолями. Вдыхание таких частиц вызывает около 7,2 миллиона смертей в год. Новые химические вещества. Сегодня в коммерческих целях используется более 100 000 химикатов и пластиковых полимеров. Практически очень мало известно об индивидуальном или комбинированном воздействии таких новинок на здоровье человека или экосистем [Angus 2016: 74].

Существуют некоторые видимые указания на то, как накопление капитала генерирует этот цикл жизни и смерти в окружающей среде. Аномальность капитализма состоит в его комплексной дисфункции, которая проявляется через периодические сбои и кризисы накопления. В социальном плане капитализм, как дисфункциональную общественную систему, можно понять в связи с теорией товарного фетишизма Маркса[1], согласно которой деньги

---

[1] Термин «товарный фетишизм» использован Марксом в первой главе первого тома «Капитала» для описания свойства вещей быть продуктами для продажи, то есть товарами. — *Прим. ред.*

становятся высшим объективным способом измерения, придающим стоимость людям и вещам. Деньги функционируют как побочный продукт накопления капитала, поскольку им произвольно присваивается ценность и важность с точки зрения возможностей рынка. В строго психологическом смысле товарный фетишизм сужает человеческую личность, чрезмерно выделяя материальные потребности из более широкого круга потребностей общества.

В «Экономическо-философских рукописях» Маркс предлагает рассмотреть идею труда как средства удовлетворения базовых и общественных потребностей. Под общественными потребностями он имеет в виду необходимые коллективные потребности. Развитие общественных потребностей следует понимать как неотчужденный труд, который контролирует производственный процесс. Рабочая сила, покупаемая как товар и используемая в производстве прибавочной стоимости сверх заработной платы, необходимой для существования работника, создает основу для отчуждения труда и возникновения денежного фетишизма. Снижение прибыли усиливает стремление увеличить производство прибавочной стоимости.

В принципе, демократия идет вразрез с капиталистической экономикой. Об этом Эрих Фромм рассуждает в «Бегстве от свободы». Культура капитализма предполагает бегство от ответственности за свободу в обществе и выбор в пользу авторитаризма. Как объясняет Фромм, «особенностью, типичной для авторитарного мышления, является убеждение в том, что жизнь определяется силами, внешними по отношению к личности, ее интересам, ее желаниям. Единственно возможное счастье заключается в подчинении этим силам» [Фромм 2022a: 169]. Возникающий во время кризиса накопления авторитарный капитализм еще больше усиливает стремление капитализма к саморазрушению. Сталкиваясь с ограничениями окружающей среды при накоплении капитала, капитализм не в состоянии эффективно разрешить собственные внутренние противоречия, при этом он продолжает извлекать ресурсы и подрывать жизнь окружающей среды. Капитализм глобально понижает качество жизни и усиливает движение к еще большему разрушению в глобальном масштабе. В гоббсовской версии войны всех против всех культура капитализма выступает как Пакман (съесть или быть съеденным), а природа рассматривается как нечто, что нужно завоевывать и эксплуатировать. Возникает сомнение в адекватности капиталистической общественной системы, в разумности общества. По мысли Фромма,

> прежде всего общество, в котором ни один человек не является средством для достижения целей другого человека, а всегда и исключительно является целью сам по себе; общество, где никто не используется и не использует себя в целях, не способствующих раскрытию человеческих возможностей; где человек есть центр и где его экономическая и политическая деятельность подчинена цели его собственного развития. Здоровое общество — это общество, в котором такие качества, как алчность, склонность к эксплуатации и обладанию, самолюбование, невозможно использовать для достижения материальной выгоды...» [Фромм 2022б: 375].

Капитализм далек от того, чтобы быть разумной общественной системой, — в своем движении он одержим только накоплением капитала. В этом процессе капитал стремится силой преодолеть и сломить барьеры на пути к накоплению, снижая качество жизни до более примитивного, варварского состояния.

В процессе накопления в глобальном масштабе, о котором пишет Самир Амин, «это накопление всегда происходит в интересах центра. Не развитые страны поставляют капитал в слаборазвитые, а наоборот» [Amin 1974: 136]. Во всех своих работах о колониализме Маркс обращает внимание на схожий процесс накопления капитала в мировом масштабе. Это накопление, приводящее к изъятию ресурсов, принадлежащих другим государствам, или распоряжению ими. Промышленный капитализм и все его разнообразные проявления не были продуктами

> способности просто создавать прибавочную стоимость. Национальный и глобальный капитализм развивается в соответствии со средствами накопления, захватывая то, что необходимо для накопления. Со временем, будучи глобальным процессом, эта существенная часть того, что

стало неравномерным развитием, оборачивается постоянным поиском высококачественных природных ресурсов, которые можно грабить, потому что получение прибыли и перепроизводство всегда были ключевыми аспектами исторической географии капитализма [Harvey 2019: 92–93].

История на этом не заканчивается. Страны, находящиеся на периферии развития, понимают необходимость сотрудничества с доминирующими капиталистическими странами для контроля собственной прибыли. Оборотной стороной такого союза является согласие периферийных экономик с замедленным развитием. В отличие от западной модели индустриализации, сформировавшейся на промышленной основе, страны, находящиеся на периферии, экспортировали ресурсы, и это было необходимо для развития собственной промышленной базы. Присвоение прибавочной стоимости главными странами внутри и за пределами национальных границ служит отчуждению труда путем его отделения от контроля над процессом производства, поскольку воспроизводство не знает границ и будет продолжаться независимо от экологических последствий. В глобальном масштабе эта иррациональность капитализма, как утверждает Маркс, стремится преодолеть любые возможные границы путем устранения пространственных и временных ограничений. Эта неспособность уразуметь пределы капитала продолжает оставаться фундаментальной частью иррациональности капитализма. Дело не только в способе капитализма преодолевать препятствия на пути накопления капитала. Задача капитализма — «создать физический ландшафт, способствующий организации производства во всех его аспектах» [Harvey 2001: 81].

Если делать упор на краткосрочную прибыль, то соображения об окружающей среде отходят на второй план. Поскольку массовое производство эффективно, то врожденное стремление к чрезмерному накоплению избыточного капитала только способствует разрушению окружающей среды. Чтобы преодолеть перенакопление капитала, нужно перенаправить этот избыточный капитал. Капиталист отправляет его повсюду, в различные уголки земного шара, в попытке увеличить стоимость капитала без ущерба для него. Если капитал предоставить самому себе, со временем он будет уменьшаться. Для развивающегося мира это означает усиление эксплуатации труда и развитие рынка для получения эксплуатируемого капитала. Классовая борьба становится неотъемлемой частью этого процесса. Она ведет как к изменению физической среды, так и к ее разрушению. Размер прибыли определяется возможностью капитала доминировать. Когда в рыночных отношениях капитал доминирует, капиталисты стремятся снизить заработную плату, но при этом снижается покупательная способность рабочего класса. Когда рабочий класс получает доходы, прибыль и темпы накопления уменьшаются. Можно попытаться разрешить возникающие в результате противоречия рационализацией иррационального, поскольку капитализм временно вытесняет проблему классовой борьбы, которая представляется рациональным решением. В этом случае государство использует социальную политику, направленную на ограничение социальных издержек от рыночных способов укрощения рабочих беспорядков, например путем реорганизации рабочих мест. В лучшем случае эти временные решения просто не позволяют классовой борьбе выйти на поверхность.

Постоянное вытеснение проблемы классовой борьбы влияет на окружающую среду. Внутри и за пределами национальных границ капитал заинтересован в расширении своих производственных мощностей путем создания условий, способствующих увеличению накопления. Производительность труда повышается в том числе за счет внедрения на рабочих местах новых технологий. При росте циклической безработицы обычно происходит снижение затрат на рабочую силу, поскольку рабочая сила конкурирует за меньшее количество рабочих мест. Повышение спроса на товары позволяет получить большую прибавочную стоимость. Также создается необходимость выполнять сверхурочную работу и иметь две зарплаты в семейном бюджете. В краткосрочной перспективе такое решение кажется рациональным. Однако по мере того, как капитализм расширяет свое глобальное влияние на новые регионы и с их помощью осуществляет глобализацию капитала, процесс становится иррациональным. При этом расширенный мировой рынок экспорта товаров приходит к «производству дешевых и быстрых средств коммуникации и транспортировки для возможности массовой реализации исходного продукта на отдаленных рынках» [Harvey 2001: 244].

Изменение физической среды для достижения этой цели означает, что капитал будет представлен в виде фиксированных физических структур, таких как «недвижимые формы транспортных объектов, предприятий и других средств производства и потребления, которые нельзя переместить, не разрушив их» [Harvey 2001: 247]. Хотя эти структуры кажутся устойчивыми, они полезны лишь до тех пор, пока служат средством накопления капитала. Когда они перестают обслуживать производственные площадки капитала, их бросают, оставляя после себя загрязненные земли и воды. Эти последствия следует рассматривать в контексте кризиса перенакопления капитала, поскольку он влияет на окружающую среду. Проблема перенакопления разрешается через увеличение потребления. Будучи вынужденным производить и потреблять больше товаров, чтобы решить проблему снижения темпов накопления, капитал стремится к бесконечному расширению. При этом ресурсы Земли конечны.

Следует повторить следующее. Внешний рациональный фасад капитализма обнажает лежащую в его основе иррациональность, поскольку максимизация прибыли важнее проблемы разрушения окружающей среды. Эта иррациональность, встроенная в функционирование капитализма, проявляется как навязчивое стремление к накоплению капитала независимо от воздействия на окружающую среду. Маркс называет это фундаментальным разрывом, или разрывом между человеком и землей. Этот метаболический разрыв является следствием накопления капитала, поскольку он разрушает функциональную гармонию планеты. Капитал не способен «понять» Землю как рациональную систему взаимосвязанных частей. Вместо этого основная его забота о накоплении приводит к нарушению функциональной гармонии, которое развивается по мере присвоения капиталом земли и ее ограниченных ресурсов. Цель состоит в том, чтобы наиболее эффективно добывать ресурсы, не обращая внимания на окружающую среду. По мере нарушения планетарной гармонии, скорость этой дезинтеграции становится равна императиву ускоренного роста капитала. Навязчивая идея роста независимо от экологических издержек демонстрирует, насколько иррационален капитализм. Нет рациональной оценки, которая бы заставила капитализм пересмотреть отношение к окружающей среде и сделать его неразрушительным. Дело в том, что капитализм может функционировать только на основе краткосрочной прибыли. Существует противоречие между земным временем и временем капитала. В земной системе время измеряется миллионами лет, что резко контрастирует с краткосрочным периодом капитала. До тех пор, пока размеры прибыли растут быстро, а ресурсы Земли извлекаются эффективно, ущерб окружающей среде не принимается всерьез. Это несовпадение очевидно, если вспомнить об ущербе, нанесенном углеродному циклу, который в течение миллионов лет эффективно регулировал температуру планеты, не допуская ни слишком низких, ни слишком высоких температур.

Перенесемся из эпохи капитализма, основанного на использовании ископаемого топлива, в настоящее время. За короткий период времени, вследствие увеличения глобальных температур, капитализм нарушил хрупкое равновесие CO_2, равновесие, на создание которого у природы ушли миллионы лет. Нарушение круговорота азота — еще один пример того, как для получения большей урожайности рыночно ориентированное сельское хозяйство истощает почвы, используя в качестве удобрений нитраты. Это приводит к расширению мертвых зон в океанах, истощению рыбных запасов, загрязнению воды, заражению подземных вод и истощению озонового слоя. Ископаемое топливо было и остается средством, с помощью которого капитализм может разрушать окружающую среду, делая ее все более дисфункциональной.

Главным индикатором капитализма как иррациональной общественной системы является степень наносимого им окружающей среде и качеству жизни вреда.

> В беднейших странах мира изменение климата и связанные
> с этим голод и инфекционные заболевания приводят в на-
> стоящее время к смерти 400 000 человек в год. Поскольку
> изменение климата усугубляет уже существующие пробле-
> мы, основное бремя, связанное с нехваткой продовольствия,
> ложится на самые бедные и самые уязвимые слои населения
> [Angus 2016: 177].

Социальный вред, наносимый капитализмом климату, усиливает глобальное разделение между богатыми и бедными государствами. Изменение климата коснется развитых капиталистических стран, и тем не менее эти страны сохранят монополию на
контроль над конечными ресурсами, используя силу и прину-
ждение для удержания большого количества людей в развивающихся странах внутри границ своих государств.

Дополнительными доказательствами иррациональности являются желание разрушать и возросшее равнодушие к людским
страданиям.

> Сотни миллионов людей уже были вытеснены на обочину
> глобальной экономики, они не могут удовлетворить даже
> минимальные жизненные потребности и лишены возмож-
> ностей для самостоятельного выживания в условиях ухуд-
> шающейся окружающей среды. Исключенные из экономики
> природных ресурсов, они стали ее основными жертвами
> [Angus 2016: 187].

Для Маркса было очевидно, что процесс накопления капитала
достигает своего предела в отношении необходимого для накопления труда. Создается избыточное население, которое выбра-
сывается затем на обочину общества.

Капитализм извращает функции природы, которые должны
улучшать жизнь. Капитализм превратил природу в средство
достижения единственной цели — накопления капитала. Поскольку в угоду капиталу продолжается эксплуатация природы,
ее свойства, делающие жизнь человека лучше, постоянно сокращаются. Поэтому по мере накопления капитала в глобальном

масштабе он в то же время постоянно подавляет труд и природу, воспринимая их как объекты, пригодные для эксплуатации. При их подавлении происходят соответствующее падение качества жизни, увеличение смертности и разрушений, а также истощение благоприятных для жизни качеств окружающей среды. Глобальное движение капитала предполагает воспроизведение процесса накопления капитала как извращенного способа ускоренной эксплуатации планеты.

Накопление капитала, изменяя и разрушая окружающую среду, преобразует жизнь планеты, но в то же время отделяет себя от результатов этого процесса. В этом смысле накопление капитала представляет собой форму когнитивного диссонанса. Капитализм этого противоречия разрешить не может. Процесс воспроизводства идет вперед, не заботясь о том, каким образом это воспроизводство происходит. В результате развитие капитализма происходит за счет разрушения. По сути, движущая сила, которая способствует накоплению капитала, заставляет капитал опустошать окружающую среду, забирая у нее все, что необходимо для его накопления. Последствия для окружающей среды при этом не учитываются. Улучшение жизни, являющееся отправной точкой для роста капитала, в процессе его накопления ведет к производству побочного продукта, к функциональному разрушению. Это также означает, что капитализм сначала появляется как рациональное движение капитала, а затем движется к иррациональному результату — к сокращению жизни. Маркс понимал это как разрыв или утрату гармонии человечества с природой. Такая общественная организация труда, контролируемая со стороны капитала, в условиях классовой борьбы между капиталом и трудом продолжает отчуждать рабочего от природы. Этот когнитивный диссонанс встроен в функционирование капитализма, он непрерывно проявляется как противоречие между рациональным и иррациональным. Мы не способны связать разрушение окружающей среды с иррациональным. Считается, что вести окружающую среду к упадку и подрывать ее функционирование рационально, раз это способствует накоплению капитала.

Глобальное разделение стран на развитые и развивающиеся может быть выгодным. При ускоренном изменении климата возрастает нехватка ресурсов. Многие признают, что климат изменяется, поскольку богатые страны стремятся к большему контролю над такими ресурсами, как вода, и получают новые инвестиционные возможности для получения прибыли. Капитал работает над созданием новых рынков для приобретения прав на воду, при этом усиливается приватизация воды. С ускорением накопления капитала, а вместе с ним и с глобальным разрушением расширяющаяся, жизнеутверждающая сторона капитала становится вторичной по отношению к прибыльным, но разрушительным для окружающей среды видам деятельности.

С самого начала существования промышленного капитализма технологические новинки постоянно стояли на службе все большего накопления. То, что подается как экологически чистая технология, на самом деле является лишь средством накопления капитала. Используя технологии, способствующие быстрому обороту капитала, он продолжает свою экспансию по всей планете.

По мере разворачивания жизненного цикла капитализма рациональные средства накопления становятся жизненным циклом иррациональной деятельности, разрушающей цикл развития окружающей среды. Эти движения имеют противоположную направленность: они противоречат друг другу, когда капитал расширяет свою эксплуатацию природы. Когда природа деградирует, эта деградация ограничивает способность капитала к накоплению. Воспроизводство среды несовместимо с воспроизводством капитала. Глобальная окружающая среда создавалась и воссоздавалась в течение миллионов лет. До появления промышленного капитализма природа реагировала на изменение климата, медленно и постоянно внося коррективы для восстановления гармонии. Начиная с промышленной революции и до настоящего времени целью капитала является быстрое извлечение природных ресурсов. Ущерб, наносимый воспроизводству окружающей среды, не учитывается, и ее восстановления не происходит.

Капитализм прибегает к применению различных технологий для получения природных ресурсов, которые он рассматривает как товары, которые можно покупать и использовать. Для сохранения важных ресурсов любой пространственный барьер должен быть преодолен. Во многом эта иррациональность капитализма представляет собой идеологию, то есть миф о том, как следует понимать реальность с точки зрения абстрактной власти товаров, формирующих денежные отношения. Непрерывная массовая атака на окружающую среду, связанная с иррациональностью капитализма, проявляется в массовом маркетинге товаров, поскольку потребление ради потребления обеспечивает средства для реализации прибавочной стоимости посредством потребления.

Реклама как форма пропаганды, в принципе, нацелена на социализацию потребителей для принятия ими идей товарного фетишизма.

> Чувствуется, что пропаганда заставляет нас думать и поступать так, как мы, предоставленные самим себе, возможно, не сделали бы. Она искажает «вид из наших окон», покрывая их слоем конденсата. Она предлагает торжество эмоций над разумом в бюрократической борьбе машины власти за контроль над личностью. Эти грязные трюки используют тайные соблазнители, манипуляторы и промыватели мозгов [Taylor 2003: 1].

В сущности, пропаганда часто занимается повторением большой лжи и лжет, используя фигуры умолчания. Пропаганда, убеждая людей совершать определенные действия, ведет себя так намеренно. Чтобы быть эффективной, она должна давать четкую установку и для этого использует технические средства информации. Наука пропаганды нужна для доминирования. Чтобы быть эффективной, пропаганда должна быть тотальной и четкой и вынуждена раз за разом повторять одно и то же сообщение. Конкурирующие и тем более противоречивые сообщения исключаются. Для охвата массовой аудитории пропаганда использует технологии. Чтобы работать с максимальной эффективностью, пропаганда должна полностью захватить мыслительный процесс и господствовать над ним. Чтобы достичь массовой аудитории, пропаганда должна быть публичной. Она должна быть откровенной, если хочет вызывать эмоции. Цель пропаганды — заставить людей служить какой-то цели. Существует, как пишет Жак Эллюль, модель интеграционной пропаганды, направленной на создание массового конформизма, это «самовоспроизводящаяся пропаганда, стремящаяся добиться стабильного поведения, чтобы приспособить индивида к его повседневной жизни, сформировать его мысли и поведение» [Ellul 1973: 75]. Пропаганда распространяется сверху вниз корпорациями, у которых есть технологии для донесения информации до широкой аудитории. Использование пропаганды требует концентрированного воздействия средств массовой информации. Чтобы приучить людей к пропаганде, сообщения должны быть обращены к эмоциям так, чтобы рационализировать набор мнений и представлений.

Чтобы обеспечить переход от производства к потреблению при капитализме, реклама должна работать как пропаганда. Цели рекламы — привлечение внимания массовой аудитории и формирование у нее привязанности к конкретным товарам. Происходит также формирование у потребителей идентичности, связанной с потреблением определенных товаров. Рекламщики, занимаясь пропагандой, подспудно манипулируют эмоциями. Для этого используются разнообразные рекламные техники, например многократное повторение коммерческих сообщений. Эмоциональный призыв к групповой конформности основан на стадном инстинкте. Разумные доводы отключаются, так как рекламодатели используют тактику давления в условиях стресса с целью заставить людей совершить выбор в пользу быстрого приобретения товара. Еще одна эмоциональная приманка состоит в том, что товары становятся желанными благодаря ассоциациям с желанным. Как писал английский философ Джордж Беркли, «существовать — значит быть воспринимаемым». Продолжительность эмоциональной концентрации внимания потребителя должна быть достаточно долгой, чтобы он успел сосредоточиться на конкретных товарах. Способность рекламы формировать поведение очевидна: любая коммерческая реклама содержит сюжеты с героями и героинями, взывающими к сексуальности, окутана ореолом юмора и сопровождается успешной окупаемостью продукта. Достигая сознания и подсознания потребителей, реклама сосредотачивается на их желании подражать знаменитостям, приобретающим те или иные продукты. Для того, чтобы достичь подсознания, реклама целится в уязвимые места, она позиционирует тот или иной продукт как способ решения проблем, как средство, с помощью которого мы можем стать лучше. Для воспроизводства потребления реклама вовлекает в рыночные отношения детей, намереваясь сделать из них потребителей. Манипуляции эмоциями и искажение эмоций потребителей всех возрастов прекрасно соответствуют процессу накопления капитала. Вспомним, что манипуляции затрагивают сердечные струны, покоятся на картинках радужного единения душ и семейных радостей, на факторе оптимизма, на использовании музыки и возбуждения, на опущении негативных сторон. Стюарт Юэн описывает рекламу как процесс мобилизации инстинктов в «Капитанах сознания» следующим образом — «...управление активной маршрутизацией социальных импульсов в направлении поддержки капиталистических корпораций и их приоритетов в производстве и распределении» [Ewen 1976: 81]. Цикл капиталистического накопления завершается потреблением, и поскольку капитализм продолжает свой рост, то результатом становится «борьба между Эросом и Смертью, инстинктом жизни и инстинктом деструктивности. Эта борьба — сущность и содержание жизни вообще» [Фрейд 1991: 115]. Эти слова Фрейда применимы к ограничениям капиталистического строя, так как капитализм больше не может просто пропагандировать цивилизацию как деятельность по улучшению жизни, поскольку со временем капитализм движется в направлении ее разрушения. Анализ Фрейда применим к капитализму, не подавляющему разрушительный инстинкт, поскольку этот инстинкт усиливается в связи с потреблением товаров. Основой реализации капитала как потребления является освобождение потребления от любых ограничений, отсутствие которых ставит под угрозу цивилизованную жизнь. Через потребление капитализм культивирует принцип удовольствия. Герберт Маркузе ссылается на последствия не знающего границ потребления капитализма: «Несдерживаемый принцип удовольствия ведет к конфликту с природным и человеческим окружением» [Маркузе 1995: 3]. Из этого следует, что в экономике капитализма отсутствует принцип реальности в отношении паттернов потребления.

Капитал постоянно работает, чтобы преодолеть кризис накопления и в результате восстановить беспрепятственное накопление. Поскольку капитализм временно преодолевает кризис, постоянный процесс ускоренного накопления происходит в отсутствие всякого подавляющего изменения или любой сублимации принципа удовольствия. Этот неограниченный функционал потребления для достижения цели накопления капитала усиливает инстинкт смерти, связанный с воспроизводством капитала. Если на рабочем месте труд подавляется посредством его отчуждения от процесса производства, массы социализируются ради безграничного потребления. Необходимость труда вызвана потребностью приобретать товары, нужные для существования. В связи с изменением климата капиталистическая цивилизация может выжить, только непрерывно разрастаясь и распространяясь. В то же время капитализм создает инстинктивное разъединение как неотъемлемую часть процесса накопления капитала, позволяющее инстинкту смерти завоевать господство над исходными, свойственными капитализму инстинктами жизни. Во многих отношениях жизнь и смерть самого капитализма формируют жизнь и смерть всей планеты. Капитализм воплощает собой особое единство функций жизни и смерти.

Мир природы функционирует ради сохранения и продления жизни, и, несмотря на то что иногда в нем возникает необходимость ограничивать жизнь, противоречие между этими функциями отсутствует. С другой стороны, капитализм существует вопреки своим функциям жизни и смерти. Он может допустить цивилизованную жизнь, но, расширяясь, подрывает жизнь и порождает движение к смерти. Потребительская фаза капитализма, проявляющаяся как товарный фетишизм, оторвана от осознания, что массовое потребление убивает планету. Система массового маркетинга создает потребности, требующие увеличения добычи ресурсов, а это ведет к ускорению климатических изменений. Поскольку капитализм не знает границ, он продолжает черпать ресурсы, не принимая в расчет угрозу жизненному циклу планеты. Поскольку капитализм забирает из окружающей среды все, что хочет, то происходит слом человеческой природы, нуждающейся в гармоничном сосуществовании с окружающей средой.

Фундаментальное различие между капитализмом и окружающей средой заключается в том, что для достижения гармонии окружающая среда должна функционировать в течение продолжительных периодов времени. Капитализм, напротив, равнодушен к долгосрочной гармонии с окружающей средой и стремится только к краткосрочной выгоде. К окружающей среде капитализм относится только как к товару, который используется для производства добавочной стоимости. Если у планеты не удается изъять важные ресурсы, то капитализм не может расти. Поскольку он периодически переживает кризисы и с течением времени они встроились в присущие капитализму ограничения, то мы имеем дело с результирующим кризисом экологии. Ведь для того, чтобы временно ускорить накопление, капитализм увеличивает давление на окружающую среду. По мнению эколога Барри Коммонера, капитализму известно, как эксплуатировать окружающую среду, но ему не понятны базовые правила экологии. В природе все связано и гармонично, и благодаря этому она существует. Природа — это функционирующая система, преследующая задачу самосохранения. Капитализм, резко отличаясь от природы, является антиэкологичным и обладает свойствами, наносящими вред окружающей среде.

> Единственная прочная связь между всем — это денежные отношения. Совсем не важно, куда идет какой-либо процесс, пока он снова не попадает в кругооборот капитала. Саморегулирующийся рынок знает все лучше всех, а природные богатства — это просто бесплатный подарок владельцу собственности [Foster 1999: 120].

Маркс понял противонаправленные функции жизни и смерти, присущие капитализму. Его широко известная фраза из «Манифеста коммунистической партии»[2] о том, что «все твердое растворяется в воздухе»[3], отчасти намекает на капитализм, который стремится к непрерывным изменениям, действует как таран, трансформируя существование человека, при этом равнодушно относится ко всему, у чего есть непреходящая ценность. Капиталисты не обладают ни малейшим желанием что-либо сохранять. Маршалл Берман описывает капиталистов как «самый жестокий и разрушительный класс в истории» [Берман 2020: 129]. Маркс приводит живой пример появления мнимой жизнеутверждающей силы капитализма. Он говорит о капиталистах как о современных колдунах, которые преобразуют реальность, взывая к магическим силам. Капиталисты, подобно колдунам, способны управлять миром с помощью заклинаний, но они также выпускают на волю разрушительную силу. Источник этой силы открывается по мановению волшебной палочки технологий. Льюис Мамфорд описывает, как капитализм использует технологии во времена промышленной революции и после нее. Используется все — от часов до фабричной системы и достижений современной науки, которые становятся средствами социального контроля. Технологии способствуют дальнейшему накоплению капитала, потому что преодолевают ограничения пространства

---

[2] «Манифест коммунистической партии» (нем. *Das Manifest der Kommunistischen Partei*) — работа Карла Маркса и Фридриха Энгельса, в которой они декларируют и обосновывают цели, задачи и методы борьбы зарождавшихся коммунистических организаций и партий. Впервые издан 21 февраля 1848 года в Лондоне. Многократно переиздавался, в том числе и при жизни авторов. Первое русское издание «Манифеста» вышло в 1869 году в Женеве в переводе М. А. Бакунина. Второе издание вышло в 1882 году в Женеве в переводе Г. В. Плеханова с предисловием Маркса и Энгельса. — *Прим. ред.*

[3] Перевод цитаты из первой главы «Манифеста коммунистической партии», выполненный Сэмюэлем Муром в 1888 году и являющийся в английской традиции каноническим. В оригинальной версии на немецком языке фраза звучит как *alles Ständische und Stehende verdampft*, которую Г. В. Плеханов дословно перевел следующим образом: «Все сословное и застойное исчезает». — *Прим. ред.*

и времени, ускоряют получение ресурсов из окружающей среды. Капитализм служит цели максимизации прибыли.

Не случайно вслед за развитием технологий нарастает разрушение природы. Стремление к еще большему преобразованию энергии за счет широкого применения сложных технологий сопровождается навязыванием этих технологий. В этой ситуации культурный акцент смещается на ценность технологий ради них самих. Экспансия культуры машин приводит к появлению того, что Мамфорд называет мегамашиной[4]. Необходимость применять такие мегамашины вызвана увеличивающейся добычей природных ресурсов. В результате высвобождаются присущие капитализму разрушительные импульсы, и капитализм, подобно чудовищу Франкенштейна Мэри Шелли, после сотворения требует самостоятельной жизни.

Объяснение мы находим у Ницше, который поясняет, что движение капитала по мере его накоплении ради накопления в высшей степени лишено смысла, ибо бесконечное движение товаров приводит к их обесцениванию. Если вспомнить Ницше, то капитализм занимается накапливанием в силу выраженности воли к власти, которую он реализует в отношении людей и объектов. Это приводит к «воле к разрушению, которая является волей еще более глубоко заложенного инстинкта саморазрушения, устремления в "ничто"» [Ницше 2005: 69]. Суть воспроизводства капитала заключается в устранении преград пространства и времени на всем земном шаре, с тем чтобы эффективно накапливать посредством проявления абсолютной власти над окружающей средой. Ницше объясняет психологию присвоения как «стремление покорять, формировать, приблизить к своему типу, преобразовывать, пока наконец преодоленное не перейдет совсем в сферу власти нападающего и не увеличит собой последней» [Ницше 2005: 358]. Необходимость неограниченного роста и есть

---

[4] Слово «мегамашина» (или большая машина) было впервые употреблено Л. Мамфордом в его книге «Миф машины» для описания социальной организации нового типа, где каждому отведены определенные обязанности и каждый находится под надзором бюрократического аппарата. См. [Мамфорд 2001]. — *Прим. ред.*

определяющая черта капитализма. Неотъемлемое свойство капитализма непрерывно расти связано с признанием развивающегося экологического кризиса, но только с точки зрения того, каким образом изменение климата может служить интересам накопления капитала. Например, реалистичные действия для сдерживания изменения климата предлагается подменить геоинженерией. В качестве компромисса также предлагается регулировать ценообразование на углеводороды, так как добыча ресурсов происходит на основе согласованных лимитов. Принимая во внимание неравномерность развития, вряд ли государства сообща договорятся о приемлемых лимитах на выбросы парниковых газов. Очевидный недостаток рыночных подходов к изменению климата заключается в том, что они основаны на оценке выгодности решения проблемы. Таким образом, под знаменем зеленого капитализма идет работа в обоих направлениях: с одной стороны, продолжается глобальная экспансия капитала с доминирующим положением индустрии ископаемого топлива, а с другой — проявляется забота об окружающей среде в формате предложения особых решений.

В лучшем случае маргинальный зеленый капитализм — фиговый листок, прикрывающий иррациональное глобальное накопление капитала, угрожающее жизни на планете. В своей книге об изменении климата[5] Кристофер Райт и Даниэл Найберг приводят оценку корпоративных стратегий по борьбе с изменением климата исходя из таких видов рисков, как физический, регуляторный, рыночный и репутационный. Оставляя в стороне все подводные камни данного подхода, такой подход к управлению климатом продолжает наносить ему ущерб, а также завоевывать природу и обслуживать накопление капитала. Общей неспособности полностью решить проблему изменения климата способствует то, что она решается в двух плоскостях. Корпорации используют два подхода. Первый заключается в том, чтобы продвигать себя как хороших, корпоративно ответственных граждан, которые участвуют в развитии идей по поводу изменения кли-

---

5 См. [Wright, Nyberg 2015]. — *Прим. ред.*

мата, представляясь адвокатами зеленого капитализма. Второй подход разделяется теми, кто занимает позицию отрицания климатических изменений. Это крупные нефтегазовые корпорации, такие как *ExxonMobil* и *Koch Industries*, промышленные группы, финансируемые промышленниками аналитические центры и группы-ширмы вроде политической группы «Американцы за процветание». В отличие от зеленых капиталистов, которые, похоже, и правда обеспокоены состоянием окружающей среды, толпа отрицающих поддерживает политику, ускоряющую изменение климата вследствие увеличения использования ископаемого топлива и изобретения новых разрушительных технологий, таких как гидравлический разрыв пласта и добыча битуминозных песков. И зеленые капиталисты, и капиталисты-отрицатели действуют в условиях глобального дефицита.

Планета продолжает страдать от последствий изменения климата. Разрушительным социальным следствием безудержной экспансии капитала является глобальный рост беспорядков и насилия.

> В эпоху изменения климата общества сталкиваются с сокращением ресурсов и перемещением населения. На конфликты и войны все чаще смотрят как на наиболее целесообразные или разумные решения. Расколы на социальной, религиозной, этнической и национальной почве слишком легко превращаются в импульсы геноцида в контексте более широкого конфликта и войны [Alvarez 2017: 60].

Поскольку изменение климата способствует дальнейшему ухудшению жизни людей, оно косвенно приводит к насилию и практикам геноцида. Уже существующий конфликт или рост неравенства увеличивают шанс заняться поиском меньшинства, становящегося козлом отпущения и мишенью для крайней формы насилия. Есть места на земле, где вода является ценным ресурсом, основой цивилизованной жизни, но вода, пригодная для употребления, на Земле заканчивается. Кроме того, значительная доля населения планеты живет в самой сухой ее части. Сотни миллионов людей в мире не имеют доступа к чистой воде.

Миллиардам не хватает инфраструктуры для очистки сточных вод. Люди вынуждены использовать водоемы с грязной и заразной водой, являющейся источником инфекций — холеры, тифа, дизентерии. Притом что изменение климата создает еще большую нагрузку на ограниченное количество воды в мире, следует знать, что есть народы, которые готовы воевать за доступ к пригодной для использования воде.

Пользование водой и землей тесно переплетается, поскольку и на то и на другое влияет потепление планеты. Возникают разные цепные реакции, связанные с продолжающимся потеплением. Повышение температуры на планете влияет на урожайность кукурузы, риса и пшеницы, требующих для роста огромного количества воды. Водоносные горизонты истощаются быстрее, чем осадки способны их наполнить. При продолжающемся потеплении Земли в некоторых странах воды будет не хватать, в то время как в других ее будет слишком много. Ожидается, что во всем мире прибрежные районы с растущей плотностью населения будут подвергаться более сильным приливам в сочетании с периодами затоплений и последствиями экстремальных погодных явлений.

Происходящее имеет четкий общий паттерн, и он только ускорит глобальное разделение неравномерно развитого капиталистического мира. Неравномерное развитие, характерное для движения капитала, продолжит влиять на то, что сегодня стало движением людей в масштабах планеты. Поскольку постоянное ухудшение окружающей среды приводит к падению качества жизни, росту бедности, нехватке продовольствия и насилию в развивающихся странах, население этих стран вынуждено перемещаться по всему миру. Массовая миграция населения продолжает влиять на менее развитые страны, потому что им не хватает ресурсов для адаптации к изменению климата. Параллельно с ростом перемещений, связанных с хроническими проблемами внутри развивающихся стран, будет происходить спад сельскохозяйственного производства вследствие учащения засух, ускоренных темпов засоления почв и опустынивания. Правительства пытаются компенсировать эти процессы и справиться с проблемами, повышая доходы, в том числе за счет привлечения иностранных инвестиций. В результате происходят увеличение использования ископаемого топлива и дальнейшее загрязнение воздуха и воды.

Насилие является неизбежным следствием изменения климата. Империалистическое вторжение развитых стран в развивающиеся страны создает структуру отношений «колонизатор — колонизируемый», которую определенный сегмент колонизируемых поддерживает, сотрудничая с колонизатором и получая свою долю прибыли. Прямое и непрямое присвоение дохода развивающихся стран колонизаторами увеличивает существующую пропасть между имущими и неимущими. Побочные результаты изменения климата в развивающихся странах и их колониальное наследие привели к тому, что развитие этих стран сочетается с деградацией окружающей среды, что, в свою очередь, приводит к геноцидным войнам. Население в поисках убежища от таких войн в больших количествах прибывает к границам развитых государств. Здесь оно становится легкой мишенью для социальных групп, которые, манипулируя страхом, превращают людей в козлов отпущения и демонизируют тех, кто на самом деле ищет спасения. По мере непрерывной экспансии капитала по всему земному шару создаются условия для глобального дефицита. Концентрация капитала увеличивает пропасть между избранными и прочими. Как результат,

> население станет гораздо более восприимчивым к карательным мерам и политике, увеличивающей риск репрессий и различных форм коллективного насилия в отношении групп, которые воспринимаются как представляющие угрозу или истощающие ценные ресурсы [Alvarez 2017: 142].

Изменение климата, на которые накладывается экспансия капитала, приводит к увеличению репрессий. Капитал продолжает искать новые инвестиционные возможности для накопления, создавая условия для того, чтобы государства могли авторитарно проводить политику милитаризма, расизма и ксенофобии. Передовые западные капиталистические страны имеют возможности брать то, что им нужно, у развивающихся стран, создавая в таких странах режимы, которые помогают западным странам в добыче основных ресурсов, то есть ископаемого топлива, что, в свою очередь, провоцирует изменение климата. Этот процесс не решает внутреннего противоречия капиталистической системы, наносящей вред окружающей среде, и является еще одним признаком иррациональности капитализма.

> Он не может развиваться, разрушая и растрачивая, какими бы катастрофическими ни были результаты. Чем больше возможностей высвобождается для производительности, тем больше должно высвобождаться разрушительных сил и увеличиваться объем производства, и тем больше капитализм должен хоронить все в горах удушающих отходов [Meszaros 2015: 49–50].

Поскольку развитые капиталистические страны продолжают охоту на развивающиеся страны в условиях экологического кризиса, тенденция капитализма к самоуничтожению и, таким образом, к расточительности и разрушению в глобальном масштабе не может быть разрешена. После общего снижения качества жизни во всем мире природа начнет накладывать ограничения на иррациональность капитализма. Поскольку капитализм продолжает разрушать планету, он в конечном итоге достигнет пределов собственной экспансии. Продолжать разграблять планету и не дойти до предела возможностей окружающей среды попросту невозможно. По мере усугубления экологического кризиса происходит сокращение возможностей для накопления дополнительного капитала. Частью процесса накопления капитала является необходимость преодоления временного барьера. Разрушение окружающей среды уменьшает время, доступное для накопления, что, в свою очередь, усиливает давление на систему и приводит к неизбежному кризису накопления.

Капитализм, стремящийся к временному разрешению своего противоречивого развития, усиливает контроль над развивающимся миром, чтобы поддерживать собственное неустанное стремление двигаться вперед и расширяться. В иррациональной погоне за накоплением капитализм ускоряет изменение климата и вынуждает человечество оказаться на пороге выживания. Двигаясь вперед и завладевая всеми необходимыми ресурсами для накопления, капитал одновременно разрушает планету. Поскольку достижение глобальных пределов расширения капитализма приведет к снижению нормы прибыли, наступление кризиса для капитализма неизбежно. Социальным последствием уменьшения прибыли является рост уровня эксплуатации труда. Ибо капитал, преследующий идею господства над природой и процессом труда, не может разрешить проблему дисфункциональности процесса. По мере своего распространения по всему миру капитализм реорганизует и изменяет гармоничную природу, делая ее все более дисфункциональной. Разрушительное использование ископаемого топлива противоречит гармоничному функционированию природы и приводит к ее уничтожению. Природа оказывается разобранной на части. Поскольку изменение климата продолжает сеять хаос, следствием этого является одновременное обесценивание жизни в планетарном масштабе.

По мере того как природа распадается на отдельные товары для рыночной торговли, происходит отчуждение человека от природы. При изменении климата природа, как фактор улучшения жизни человека, обесценивается, и, как следствие, обесценивается человеческая жизнь. Качество жизни на Земле продолжает деградировать.

Усиление классовой борьбы — еще одно следствие этого процесса. Более обеспеченные представители высшего класса лучше приспособлены к последствиям изменения климата, чем представители других классов. В связи с изменением климата возрастает конкуренция за желаемые товары. Результатом является функциональный эквивалент потребления, которое идет рука об руку с разрушением планеты. Оценивая будущее капитализма, Роза Люксембург призывала сделать выбор между альтернативной социальной системой, социализмом, и продолжающимся воспроизводством капитализма, которое приведет к варварству. Предоставленный самому себе, капитализм соглашается с Фрэнсисом Бэконом, который в XVII веке провозгласил, что цель человека — овладеть природой.

В трудах Маркса, где он излагает свои взгляды на процесс труда, просматривается понимание исторического единства человека с природой и того факта, что процесс труда не обязательно должен быть противопоставлен гармоничному взаимодействию с природой. Процесс труда при отсутствии классовых отношений позволяет труду сосуществовать с природой, формируя при этом неразрушительное отношение к природе. В «Экономическо-философских рукописях» и в «Капитале» Маркс анализирует, как капитализм искажает отношения труда с природой. В рукописях Маркс описывает, как труд может выжить и процветать в сотрудничестве с природой. Как общественно сознательная деятельность, процесс труда развивается во времени, обеспечивая как выживание, так и создание общественно необходимого излишка.

Очевидная польза излишков сверх необходимого для выживания гарантирует более упорядоченное существование и позволяет развивать разделение труда. Хотя постоянный излишек позволяет человеку быть свободным от ограничений, налагаемых природой, он также составляет основу общественного разделения труда между теми, кто занимается производительным трудом, и частью общества, оторванной от производственного процесса, но присваивающей излишки и осуществляющей над ними контроль. Это деление служит основой для разделения общества на классы. Суть его заключается в отделении труда от контроля над процессом труда, что вынуждает трудящихся продавать свой труд. Стоимость труда определяется в пересчете на рабочее время за тот отрезок рабочего дня, который необходим для физического выживания работника. Сущность капитализма как общественной системы сводится к продлению рабочего дня сверх трудовых потребностей и, согласно диктату тех, кто контролирует производство, к продлению рабочего дня за счет дополнительного прибавочного рабочего времени. Владелец излишков использует часть прибавочной стоимости для воссоздания большей стоимости, которая становится капиталом. Именно этот императив, встроенный в социальную структуру капитализма, создает присущую ему иррациональность, которая, в свою очередь, ведет к атаке на окружающую среду. Каким образом это влияет на окружающую среду, не оценивается, ибо это, как утверждает Маркс, накопление ради накопления. Влияние на окружающую среду самоочевидно, так как капитализм должен рыскать по планете и охотиться на окружающую среду в вечном поиске природных ресурсов, в погоне за сырьем. Отношение капитализма к природе нельзя назвать сотрудническим, так как он не учитывает воздействия на природу. Развивающийся климатический кризис — достаточная иллюстрация такой саморазрушительной тенденции. Капитализм видит планету только с точки зрения возможностей интегрировать ее в один обширный рынок, приспособленный для целей накопления. Капитал бродит по земному шару, его тянет туда, где возникают наиболее благоприятные перспективы для накопления. Цель состоит в том, чтобы эффективно изменить все глобальное пространство, сделать его в равной степени доступным для капитала. Пространственное решение кажется удачным решением проблемы перенакопления капитала.

В поисках пространственных решений в планетарном масштабе капитал ведет себя подобно туче насекомых, заполоняющих и поглощающих одну территорию, а затем перемещающихся к другой, чтобы поглотить и ее. В свете деструктивной иррациональности капитализма встает вопрос о том, какая рациональная социальная система не стала бы уничтожать окружающую среду. Движение к рациональной социальной системе является императивом. К системе, которая позволила бы жить в гармонии с землей и давать ей возможность регенерироваться и двигаться к неразрушительной и стабильной гармонии. Капитализм идет вперед через метаболический разрыв, разрушающий гармонию экологической системы. Рациональная социальная система должна определить себе в качестве главной цели приведение человечества к восстановлению нормального метаболизма. Отчасти это означает политику, которая воссоздала бы гармоничную окружающую среду. Если оставаться в социальной системе, в которой все действия направлены на повышение ценности капитала, то это лишь послужит развязыванию на планете неконтролируемого процесса, особенно в связи с достижением пределов накопления капитала.

Встает вопрос о возможности приемлемой альтернативной социальной системы, которая не была бы разрушительной для природы. Рациональная социальная система, которая могла бы преодолеть социальный кризис капитализма, должна уничтожить производство и воспроизводство капитала, поскольку Маркс говорит о рабочих как о свободно объединяющихся. Рынок устроен так, чтобы формировать социальные отношения в авторитарной манере и вносить таким образом свой вклад в иррациональность капитализма. Рынок выстраивает реальность прежде всего с точки зрения приобретения товаров. Иррациональность капитализма также проявляется в том, что социальные отношения определяются через призму узкого личного интереса. О том, насколько иррациональными являются функции капитализма, можно судить исходя из того, что это социальная система, движимая своим воспроизводством для причинения вреда планете. У нее нет морального компаса, и когда капитал сталкивается с препятствиями для накопления из-за падающей нормы прибыли, то страдает от этого труд. Последствия такого процесса проявляются в виде безработицы и сегментации рынка труда, в том числе на временный и заемный труд. Эта социальная система в целом действует для причинения вреда.

В своей современной монопольной форме капитализм увеличил контроль над трудом и не смог лучше организовать паттерны потребления. Каким бы эффективным ни был капитализм в производстве прибавочной стоимости, возникающая при этом тенденция к перепроизводству создает товары так быстро, что потребительский рынок не может их поглотить. Недопотребление может возникнуть из-за экономического спада, связанного с отсутствием роста экономики, и сопутствующего увеличения безработицы. Поглощение излишков товаров может быть достигнуто при росте потребления, или же, если находятся дополнительные средства для вложения капитала, в этом случае излишки не пропадают впустую. Чтобы решить эту проблему, избыточный капитал экспортируется в другие страны. Экспорту помогает милитаристская политика, которая прокладывает путь корпорациям для создания новых рынков, позволяющих поглотить дополнительный капитал. Милитаризм способствует как расточительному использованию ресурсов, так и увеличению загрязнения в глобальном масштабе. В лучшем случае это перемещение избыточного капитала может быть разрешено только временно и за счет использования зарубежных инвестиций, и корпорациям

> приходится считаться с ненадежностью своих капиталовложений в социально-политическом отношении. Эта ненадежность заметно выросла в эпоху империализма, войн, национальных и социальных революций, а связанная с этим рискованность экспорта капитала значительно снижает его привлекательность для возможных инвесторов [Баран 1960: 187].

Глобальная конкуренция за мировые рынки — еще один фактор риска для зарубежных инвестиций. Применение военной силы в развивающихся странах — возможное краткосрочное решение. Построение и поддержание империи требуют долгосрочного участия военных сил и ресурсов, поскольку экспортный капитал перемещается за границу, что в долгосрочной перспективе может ограничить накопление капитала в своем государстве. Постоянная утечка капитала наряду с переносом производственных мощностей за границу подрывает накопление капитала в пределах границ собственного государства. Очевидно, что если капитал стремится к бесконечному расширению, то земля не бесконечна. Поскольку императив бесконечного роста не исчезает, такая гонка неизбежно будет продолжать разрушать экологическую систему. Это накопление ради накопления, и оно работает на стремлении капитала его ускорить. Иррациональность, встроенная в этот процесс накопления, стремится преодолеть ограничения времени. Такая иррациональность свойственна социальной системе, не способной признать каких-либо ограничений для своего роста. Капитализм движется к преодолению времени, стремясь к безвременью; природа же ограничена временем.

> Природные циклы функционируют на скоростях, которые развивались на протяжении многих тысячелетий, — любое насилие над ними неизбежно дестабилизирует цикл и приводит к неприглядным результатам. Плодородные земли уничтожаются, леса вырубаются, популяции рыб сокращаются, и все потому, что капитализму требуются скорости, намного превышающие естественные циклы воспроизводства и роста [Angus 2016: 122].

Стремление к неограниченному росту за счет окружающей среды является фактором, работающим на функциональную иррациональность капитализма.

Внешнее выражение устремленной в будущее социальной системы, которая стремится быть современной, кажется рациональным. Но за этим фасадом обнажается скрытая тенденция к воспрепятствованию модернизации, поскольку качество окружающей среды и человеческой жизни падает.

И те, кто отрицает реальность изменения климата, и те, кто с ним борется с помощью реформ, не способны признать железный закон капитализма. Отрицатели продолжают продвигать необходимость роста, не видя за ним планетарных последствий. Просвещенный, или зеленый, капитализм делает упор на сосуществование капитализма и окружающей среды. Зеленый капитализм выступает за рост с использованием чистых технологий. Но так называемая зеленая технология является зеленой только по названию. Она зависит от неконтролируемого роста, продолжающего истощать ресурсы земли, а неограниченный рост способствует изменению климата. Сомнительно, чтобы такие зеленые технологии, связанные в капиталистической экономике с нормой прибыли и оцениваемые с точки зрения прибыли, были жизнеспособны в долгосрочной перспективе. Любое использование более чистой энергии подчиняется циклам капитализма. Инвестиции в эти технологии растут по мере роста экономики и сокращаются в периоды перепроизводства и перепотребления. Неравномерное распределение и неравный доступ к этим технологиям, как и к любым товарам, приводят к ограничению их использования. Предположение, что капитализм в долгосрочной перспективе согласится с ограниченными возможностями для роста или сможет существовать при их наличии, является ошибочным. Капитализму нужен безудержный рост. Стремление создать зеленую экономику в долгосрочной перспективе ограничено рамками экономики, основанной на быстром росте любыми способами. Самый быстрый путь к росту лежит через использование ископаемого топлива. Усилия по снижению роста с помощью зеленых технологий не приведут к вытеснению экономики, основанной на использовании ископаемого топлива. Никакая зеленая технология не может смягчить ущерб, наносимый капиталистическим процессом воспроизводства, который неразрывно связан с увеличением как производства, так и потребления в постоянно расширяющихся масштабах. Это означает, что зеленые технологии не способны сократить производство и потребление до уровня, не причиняющего вреда планете. Зеленый рост — это снова рост капитализма, использующего ископаемое топливо. Без ископаемого топлива нет зеленого роста. Сочетание зеленого капитализма и капитализма, основанного на ископаемом топливе, не уменьшит выбросы парниковых газов. Комбинация двух видов энергии не приведет к значительному сокращению выбросов углерода. Сокращение производства и потребления было бы дисфункциональным для капитализма.

Экономика отсутствия или замедления темпов роста, заявленная как альтернатива экологичному сосуществованию капитализма и окружающей среды, по крайней мере, отражает общественное понимание недостатков капитализма, основанного на неограниченном росте. Теоретики антироста[6] признают, что

---

[6] Антирост или дерост (с англ. degrowth) — социально-экономическая концепция, а также общественное движение, сторонники которого призывают к добровольному сокращению добычи ресурсов, производства и потребления, замене рынка перераспределением для обеспечения общественного благосостояния и экологической устойчивости в долгосрочной перспективе.

продолжающийся рост капитализма наносит вред окружающей среде. Чтобы теория замедления роста стала реальностью, необходимо сокращение производства и потребления, что, в свою очередь, способствовало бы максимальному повышению качества жизни и защите окружающей среды. В какой-то степени теоретики антироста критикуют капитализм и понимают, что он мотивирован расти для накопления капитала. Сторонники антироста не согласны с бесконечным потреблением товаров, утверждая, что существует материальное изобилие. Новое мышление, согласно сторонникам антироста, должно основываться на необходимости изменения образа жизни:

> меньше работать, обеспечивать домашнее хозяйство, чинить вещи, а не выбрасывать их, использовать виды досуга и транспортировки, требующие небольшого потребления энергии, и в целом более низкоэнергетические стратегии для личных потребностей и домашних задач [Stuart et al. 2020: 73].

Другие реформы, направленные на переход от экономики роста к экономике антироста, включают

> значительные налоги на выбросы углерода в сочетании со снижением годового лимита на выбросы и с распределением выбросов на равной основе на душу населения во всем мире, отмену субсидий на ископаемое топливо и отказ от инвестиций в эту отрасль, быстрый переход на возобновляемые источники энергии на уровне сообществ, разделение труда, сокращение рабочего дня, базовый и максимальный доходы, налоги на потребление, уменьшение количества рекламы, аудит долга граждан, нулевые процентные ставки, отказ считать ВВП индикатором экономического прогресса [Stuart et al. 2020: 74].

Понятие «антирост» было сформулировано после публикации в 1972 году доклада Римского клуба «Пределы роста» и выхода в свет работы Николаса Джорджеску-Регена «Закон энтропии и экономический процесс». — *Прим. ред.*

Проще говоря, очевидным общим недостатком такого подхода к изменению климата является фундаментальная неспособность принять во внимание способность капитализма противостоять предлагаемой экономике замедления роста. Капитализм не функционирует и не мог бы функционировать в случае принятия таких мер. Учитывая монополию капитализма на экономический и политический контроль, следует ожидать организации идеологического противостояния реформам. Предлагать антирост без понимания аспекта классовой борьбы капитализма политически наивно. Капитализм способен подорвать альтернативные формы энергии, доказав их нерентабельность. Антирост не может существовать в рамках капиталистической экономики. Идеология капитализма будет работать на делегитимацию концепции экономики антироста, особенно в отсутствие поддерживающего ее широкого общественного движения. За время своего существования капитализм доказал способность очень эффективно поглощать движения за социальные изменения, особенно если они носят реформистский характер. Прежде всего главный недостаток модели отсутствия роста заключается в том, что она будет существовать в контексте капиталистической экономики. Если модель антироста останется маргинальным аспектом капиталистической экономики без движения к общему изменению системы, маловероятно, что отсутствие роста приведет к успеху. Концепция роста была бы возможна только в альтернативной социальной системе.

Глава 6
Рациональность социализма

Альберт Эйнштейн однажды заметил, что если бы у него был один час для решения задачи, то 55 минут он бы провел в мыслях о задаче и пять — в поисках решения. Пятиминутным решением Эйнштейна для иррационального капитализма будет рациональный социализм. Потребуется меньше 55 минут на размышления, чтобы понять общие черты и теоретические особенности рационального социализма. Рациональный социализм лишь идея, которая в будущем может стать реальностью для всех людей на Земле. Маркс писал о социализме очень осторожно, избегая давать универсальные конкретные рекомендации. Он описал общие черты возможного социализма. В целом его концепция заключалась в том, что социализм решает те проблемы, которые капитализм решить не способен. Среди проблем, с которыми может справиться социализм, — непрерывный общественный кризис, встроенный в капитализм как в общественную систему, основанную на классовой борьбе. При непрерывно растущем накоплении капитала происходит одновременная эксплуатация труда и окружающей среды. Марксу также было хорошо известно, что капитализм не только разрушителен, но и изобретателен: в стремлении к накоплению капитала он неутомимо пытается преодолеть различные присущие ему противоречия. В общих чертах Маркс описал политический переход к социализму как освоение новой формы политики. На практике это означает, что истинно демократический рабочий класс, находясь на передовой, создает альтернативный общественный порядок и монополизирует принятие решений на всех уровнях общества. Маркс понимал, что в особых общественных условиях рабочий класс может развить политическую сознательность, которая преодолеет классовую структуру капитализма. «Без глобальной стратегии *постепенной передачи права принятия решений отдельным производителям* (то есть передачи его на всех уровнях, включая самый высокий) концепция участия не имеет достойной похвалы рациональности» [Meszaros 2008: 255]. Это означает выбор исторически правильного момента при создании идеальных условий, когда труд мог бы достичь своей цели. Чтобы преодолеть господство капитала, подчеркивает Маркс, трудящиеся должны стать главными в этом процессе принятия решений.

Общественный кризис капитализма по своей сути является политическим кризисом труда, управляемым объективной реальностью капитала с его способностью к овеществлению. Капиталисты выступают агентами капитала. Капитал воспроизводится так же, как воспроизводятся классовые различия. Присущую социализму как альтернативной общественной системе рациональность можно понимать в смысле преодоления господства капитала, отчуждающего труд как абстрактную силу. Эта сила при переходе к социализму стала бы рациональной общественной функцией труда. Рациональность, обретенная трудящимися, есть процесс обретения сознательного контроля над воспроизводством существования общества. Это процесс действительно общего труда, в котором цели производственного процесса служат благу труда. «Сама работа носит *универсальный характер*, в нее каждый человек вовлекается сознательно. С другой стороны, потенциально наиболее щедрые плоды позитивной приверженности человека своим продуктивным целям *справедливо распределяются* между всеми» [Meszaros 2008: 262].

При переходе к социализму функции труда в производственном процессе следует понимать в смысле единства ассоциированных производителей, которые превратились в свободных производителей. Они производят по мере необходимости и принимают решения, что именно является необходимым для существования. Лежащая в основе рациональность при социальном планировании в условиях социализма противоположна краткосрочной прибыли при капитализме. Эта рациональность возникает в силу того, что трудящиеся продумывают, что нужно сделать в настоящем и будущем. Анархия капиталистической системы сменяется тем, что в отсутствие порядков, навязанных капиталом, трудящиеся имеют право принимать решения. Такая форма планирования учитывает будущие потребности человека. Без искусственных потребностей, созданных потребительским капитализмом, трудящиеся смогут четко формулировать свои настоящие потребности. В лучшем случае капиталистическая система допускает лишь частичную рациональность. Рациональность труда в капиталистическом обществе ограничена теми потребностями, которые ориентированы на рынок, а не на поддержание жизнедеятельности и направлены только на воспроизводство капитала. Напротив, общественная система, сосредоточенная на человеческих потребностях и не навязывающая обязательного производства капитала, допускает всестороннюю рациональность.

Обретенная рациональность в социалистической системе формируется в контексте исторического времени. Человеческие потребности оцениваются исходя из специфических материальных условий. Капитал постоянно сокращает рабочее время. При капитализме имеющееся в распоряжении рабочее время, остающееся после работы, необходимой для поддержания жизнедеятельности, должно служить только интересам воспроизводства капитала в процессе производства и потребления. Капитал доверяет только времени, ценность которого измеряется с точки зрения его продуктивного использования для самого капитала. Время при капитализме имеет ценность только тогда, когда служит экспансии капитала. Быстрый рост капитала с течением времени приводит к быстрому разрушению окружающей среды ради восстановления капитала. Еще одним разрушительным побочным продуктом процесса приумножения капитала становятся отходы. Любая ценность рассматривается как таковая, если она полезна для накопления. Если убрать стремление к созданию капитала, то полезное время при социализме направляется на нужды человека, на продумывание и определение конкретных потребностей людей. При социалистической общественной системе цель рациональной осознанности состоит в том, чтобы производить только то, в чем есть потребность, и избегать отходов и деятельности, разрушительных для окружающей среды. Это означает, что общественная система должна смириться с ограничениями среды. Капитализм же стремится к экспансии капитала, отбрасывая ограничения пространства и времени. Маркс описывает социалистическое общество, которое принимает решения на основе своего рода общественной пользы. При социализме общественная организация труда предусматривает необходимое и тщательно продуманное время для удовлетворения потребностей человека. Это то, что Маркс подразумевал под социализмом, который позволяет труду освободиться от тирании производительности сверх необходимого рабочего времени и от требований обслуживания капитала.

По мере расширения капитала рациональность, которая остановила бы непрерывное разрушение природы, отсутствует, потому что эта способность к разрушению обслуживает интересы капитала. Это саморазрастание капитала сравнимо с «ростом раковой опухоли, ведущим к полному пренебрежению сохранением элементарных условий существования человека» [Meszaros 2008: 385]. Со временем глобальная угроза, которую представляет собой капитал, продолжает нарастать. Все более важным при ускоряющемся глобальном климатическом кризисе становится рассмотрение возможности рациональной альтернативы иррациональному капитализму. Маркс не считал, что социализм неизбежен. Он не исключал, что капитализм выживет и станет еще более авторитарным. Оценка текущего состояния глобального капитализма позволяет обнаружить тенденции к усилению авторитаризма внутри капиталистических обществ, что связано с ограничениями накопления капитала вследствие возрастающей нагрузки на окружающую среду. Поскольку глобальный поиск ископаемого топлива не прекращается, его разрушительным побочным продуктом является изменение климата. По мере того, как капитализм продолжает стремиться к неограниченному росту, в нем будут появляться все новые противоречия. Подходящей метафорой, описывающей противоречия капитализма, служит «Портрет Дориана Грея» Оскара Уайльда — история юноши, находящегося в поиске вечной молодости. Зная, что его красота увянет, Дориан продает душу дьяволу за то, чтобы его отражение в зеркале навсегда сохранило юношеские черты. Дориан продолжает жить с еще большим размахом, а его портрет начинает тем временем стареть, и на нем запечатлеваются все проступки хозяина. Так и капитализм видится рациональной социальной системой, но за этой видимостью скрыта уродливая иррациональность, заключающаяся в погоне за вечным существованием.

В лучшем случае корпоративные и политические интересы заставляют искать меры борьбы с изменением климата, предстающие инновационными решениями, но при ближайшем рассмотрении реализация этих мер и их последствия могут привести к ужасным результатам, еще больше увеличивающим глобальное потепление. Даже если капитал признает изменение климата, предлагаемые им решения представляют собой продолжение капиталистического разрушения окружающей среды. Одно из таких решений — геоинженерия — находится в логике зависимости капитализма от технологий. Геоинженерию представляют единственным наилучшим выходом, который поможет справиться с ущербом, непрестанно наносимым природе. Политики инвестировали в так называемое удобрение для океана — решение для удаления углерода, предлагаемое геоинженерией. На международном уровне ООН приняла Конвенцию о биологическом разнообразии и Линкольнское соглашение о мире, безопасности и развитии. Геоинженерия была внесена в повестку Парижского соглашения 2015 года и в резюме для политиков, подготовленное Межправительственной группой экспертов по изменению климата в 2021 году.

В изменении окружающей среды с помощью технологий нет ничего нового. Политика холодной войны, гонка ядерных вооружений и событие, положившее начало этой войне, — сброс атомных бомб на Хиросиму и Нагасаки — это примеры насильственных действий против сил природы, где человеческая жизнь не имеет никакого значения. Геоинженерией заинтересовались некоторые члены научного сообщества. Геоинженерия в большинстве случаев связана с удалением углекислого газа после его выброса в атмосферу. Среди технологий удаления парниковых газов и углекислого газа (GGR/CDR) есть такие, которые направлены на изменение химического баланса в океанах для ускорения поглощения углекислого газа. Используются и другие технологии, улавливающие углекислый газ у источника выбросов для его размещения под землей.

В оценках недостатков и последствий использования геоинженерии наивный оптимизм граничит с научной фантастикой. Во-первых, запуск геоинженерии в глобальном масштабе с течением времени чреват множеством непредвиденных последствий. К ним относятся технологические сбои, человеческие ошибки, неспособность оценить сочетание кратко- и долгосрочных последствий, опасность спровоцировать в окружающей среде непредвиденные цепные реакции. Однажды запустив геоинженерию, мы придем к необратимому процессу ее дальнейшего внедрения в глобальном масштабе. Сложно решить, кто будет управлять геоинженерией и как в будущем это скажется на дальнейшем усилении глобальных политических разногласий, которые разделят мир на более и менее эффективных пользователей геоинженерных технологий. Если эти технологии не дадут обещанных результатов и их использование не прекратится, ошибка может фактически ускорить изменение климата.

Геоинженерия устроена так, что позволяет капитализму усидеть на двух стульях. Виновники загрязнения окружающей среды могут использовать геоинженерию как полезную уловку, предлог, чтобы продолжать загрязнять природу и разрабатывать новые загрязняющие технологии. Глобальная напряженность растет в связи с непрекращающимся изменением климата, а геоинженерия становится полезным инструментом для государств, стремящихся контролировать «термостат Земли». К сожалению, геоинженерия — в большей степени научная фантастика, а не научный факт; она отвлекает от выполнимых глобальных реформ, которые предлагают отказаться от использования ископаемого топлива. Эти так называемые решения свидетельствуют о том, что никто еще не заставил капитализм защищать проекты, не воспроизводящие капитал. Не удивительно, что капитализм внимателен к технологиям изменения климата: ведь он привык использовать технологии для разрушения окружающей среды. Таким образом, капитализм смотрит на технологии не как на проблемы, но как на решения.

Разные реформы отчасти могли бы попытаться замедлить начавшееся после 1945 года Великое ускорение. Влияние на природу, начавшееся в 1945 году, связано с массивным антропогенным воздействием на окружающую среду, сопровождавшимся значительным увеличением выброса CO_2. После взрыва первой атомной бомбы в пустыне Нью-Мексико 16 июля 1945 года никого не удивляет, что люди могут использовать самые жуткие технологии для разрушения атмосферы. Великое ускорение затрагивает все составляющие глобальной окружающей среды: океаны, сушу и атмосферу. Последствия Второй мировой войны привели к появлению множества новых технологий, адаптированных к более эффективному использованию ископаемого топлива. Такая послевоенная ситуация совпадает с подъемом глобального капитализма. Например, всемирному распространению капитализма способствовало заключение Генерального соглашения по тарифам и торговле (ГАТТ). Оно появилось в 1948 году с целью устранения барьеров для накопления капитала, вызванных торговлей, тарифами и другими протекционистскими мерами. Поскольку капитализм нашел прибыльные рынки в Европе и развивающемся мире, вливание капитала повысило уровень жизни. Это, в свою очередь, привело к резкому росту населения планеты, к большему потреблению энергии и к Великому ускорению. Рост производства продуктов питания привел к увеличению использования воды и удобрений, для которых потребовалось широкое применение азота. Сельскохозяйственные удобрения попадают в источники пресной воды и прибрежные экосистемы. Увеличение сельскохозяйственного производства, связанное с использованием бо́льшего количества земли, приводит к потере древесного покрова. Изменения в землепользовании заметны, например, по высыханию Амазонки — это продолжающаяся потеря критически важной экосистемы и ее биоразнообразия. В то время как популяции диких животных сокращаются, люди захватывают все больше земель.

Доказательства ускорения атаки на окружающую среду обнаруживаются в находках геологов — образцах ледникового льда, сталактитов и отложений, взятых из озер и со дна океана. Они свидетельствуют о химических изменениях в циклах углерода и азота. В них содержатся также новые газы, не встречающиеся в природе, такие как хлорфторуглероды (ХФУ). В настоящее время хлорфторуглероды, а также пришедший им на смену другой хладагент — гидрофторуглероды (ГФУ) — перестали использоваться. Еще один мощный парниковый газ, гексафторид серы (SF_6), продолжал использоваться до 2008 года.

Мы уже писали, что сброс атомной и водородной бомб, помимо плутония-239 и плутония-240, высвободил радиоактивный углерод-14. И плутоний, и углерод связаны с увеличением заболеваемости некоторыми видами рака. Графики Великого ускорения, опубликованные в 2004 году и обновленные в 2015 году, показывают зловещую глобальную тенденцию — непрекращающееся разрушение земной системы из-за увеличения содержания углекислого газа, оксида азота и озона в стратосфере. Это приводит к повышению температуры на поверхности Земли, сокращению тропических лесов, потере обработанных земель, выбросу метана и закислению океана.

Очевидно, что Земля больше не в состоянии поддерживать такие темпы роста.

> Великое ускорение в его нынешнем виде продолжаться долго не может. Осталось не так много больших рек, которые можно было бы перекрыть, не так много нефти, которую можно было бы сжечь, лесов, которые можно было бы вырубить, морской рыбы, которую можно было бы выловить, грунтовых вод, которые можно было бы откачивать [McNeil, Engelke 2014: 5].

Когда будет достигнут предел? Джон Макнейл и Питер Энгельке этого не знают. Если то, о чем они говорят, правда, человечество окажется перед суровым выбором. Капитализм продолжит накапливать капитал, разрушая планету. Менее жестким решением было бы историческое движение от капитализма к экосоциализму. Если капитализм не сдерживать, то он захватит сокращающиеся ресурсы и еще больше подорвет качество жизни на планете.

Помимо научной фантастики под видом геоинженерии, существует ряд реформаторских и нереформаторских предложений, которые не способствуют воспроизводству капитала и вызванному им экологическому кризису. При наличии политической воли их можно было бы немедленно привести в исполнение — это энергетические решения на глобальном, государственном и местном уровнях, например серьезное сокращение потребления энергии за счет использования стратегий, направленных на безотходное производство. Государственное планирование восстановления экосистем в глобальном масштабе должно включать:

- взаимные соглашения о сотрудничестве между развитыми и развивающимися странами;
- коренное изменение образа жизни и отказ от чрезмерного потребления;
- обеспечение на государственном и местном уровнях 100 % энергии из возобновляемых источников, таких как солнечная энергия и энергия ветра;
- местные стратегии и методы ведения сельского хозяйства с использованием экологически чистых процессов.

Джон Беллами Фостер разработал список нереформаторских преобразований, своеобразную дорожную карту возможного глобального перехода к экосоциализму. Преобразования включают быстрый поэтапный отказ от энергетической инфраструктуры, работающей на ископаемом топливе; перенаправление военных расходов на восстановление окружающей среды; преобразование агробизнеса в агроэкологию, ориентированную на общественное владение стабильными небольшими фермами; более строгое регулирование выбросов ядохимикатов; введение мер, препятствующих купле-продаже пресной воды [Foster 2018]. Климатический кризис, вероятно, спровоцирует в западном капитализме кризис социальный. Поскольку из-за климата ухудшается качество жизни, вопрос состоит в том, будет ли капитал вынужден рассматривать различные варианты, ограничивающие накопление, или он будет сопротивляться такой политике? Чтобы ограничения, накладываемые на накопление, оказались успешными, трудящимся придется приложить больше усилий в достижении экономической демократии. Вопрос в том, достаточно ли для достижения рационального социализма социально-экологического кризиса в сочетании со стремлением к экономической демократии и общественной собственности на средства производства.

Принятие политического курса и мер по противостоянию климатическому кризису потребует перехода к обобществленному производству. На первый взгляд может показаться, что это не приведет к формальному концу капитализма, но по мере развития нового общественного порядка капитализм обязательно придет в упадок. Этот переход предстает императивом, согласно которому человечество либо придет к пониманию альтернативы, либо столкнется с перспективой гибели в результате экологического кризиса. Перед лицом экологического кризиса у человечества есть возможность перейти к более рациональной системе, являющейся единственной альтернативой иррациональности капитализма.

Ключевым фактором преодоления климатического кризиса в долгосрочной перспективе будет упадок империй. Глобальная экспансия капитала не могла произойти без серьезной военной поддержки. Социальные и экономические ресурсы, необходимые для поддержания милитаризма, можно было бы перенаправить на поддержку более устойчивой политики в области климата. Почему нет? В истории мы знаем множество примеров упадка и исчезновения империй.

Вольфганг Штрик в своей недавней книге доказывает, что капитализм уже распадается, особенно из-за успехов в покорении окружающей среды. Штрик выделяет три долгосрочные причины, которые в совокупности способствуют гибели капитализма:

> Первая причина — устойчивое снижение темпов экономического роста, усугубившееся в последнее время из-за событий 2008 года. Вторая причина, связанная с первой, — столь же устойчивый рост общей задолженности в ведущих капиталистических государствах, правительства которых, частные домохозяйства, нефинансовые и финансовые компании на протяжении более 40 лет накапливали финансовые обязательства. Третья причина — экономическое неравенство как по доходам, так и по имущественному положению, которое усиливается уже несколько десятилетий, наряду с ростом долга и со снижением темпов роста [Streeck 2016: 47].

Штрик утверждает, что, хотя капитализм умирает, новой альтернативы ему нет. Маркс считал, что корни нового общественного порядка лежат внутри существующего. Можно возразить, что новые социальные силы сначала кажутся невидимыми, но по мере ускорения экологического кризиса становятся очевидными.

По Макиавелли, политика — это средство, с помощью которого общество противостоит непредвиденному. Может статься, что человечеству будет навязан выбор между саморазрушительным капитализмом и альтернативным и неразрушающим социализмом. Потребуется решить отнюдь не простую задачу. Необходимо, чтобы общественные системы выработали некапиталистическую экономику, что, в свою очередь, привело бы к развитию, уравнивающему отношения между развитыми и развивающимися странами. Решающая роль — за глобальными движениями. Они будут действовать как экосоциалисты, хотя и не обязательно выступать под таким названием. Такие движения появятся, как только близость капитализма к закату станет достаточно очевидной. Это лишь вопрос времени. Глобальные движения поставят под сомнение капиталистическую идею бесконечной экспансии при ограниченном запасе природных ресурсов.

Переход глобального капитализма к замедлению или даже полному отсутствию роста не просто станет еще одним элементом, способствующим упадку капитализма, но в краткосрочной перспективе спровоцирует более отчаянные меры, включая более широкое использование милитаризма. Призванные увеличить накопление капитала, эти меры в конечном итоге лишат капитализм права на существование. Человечество, переживающее закат капитализма, получает долгосрочный исторический урок, как преодолеть ограничения этого общественного строя. Именно это имел в виду Маркс, когда говорил:

> Человечество ставит себе всегда только такие задачи, которые оно может разрешить, так как при ближайшем рассмотрении всегда оказывается, что сама задача возникает лишь тогда, когда материальные условия ее решения уже имеются налицо или, по крайней мере, находятся в процессе становления [Маркс 1957б].

Красота социалистической социальной системы в отличие от капиталистической состоит не в иррациональном стремлении к вечному существованию. Вместо этого социализм — это способ соединить настоящее с будущим, это рациональность, развивающаяся в виде политического сознания среди различных социальных слоев общества. Маркс охарактеризовал этот процесс как взаимосвязанный процесс социально-политической трансформации, направленный снизу вверх, в котором общественные условия переопределяют процесс общественного воспроизводства. По мере развития этого процесса массы будут переопределять существование общества, запустится движение за отказ от иррациональности заданного капитализмом существования. Возникающее социалистическое общество управляется рабочими и ставит целью ликвидацию процесса воспроизводства капитала. В результате без воспроизводства капитала, который одержим глобальным ростом, запускается процесс воспроизводства, функционирующий в гармонии с окружающей средой, освобождающий окружающую среду от капиталистического разрушения и создающий подлинную свободу для рабочего. Только кажется, что капитал освобождает, расширяясь.

> Он и создает семью, и разрушает ее; порождает экономически самостоятельное молодое поколение с его молодежной культурой и подрывает это поколение; создает условия для

потенциально комфортной старости с адекватным социальным обеспечением и приносит стариков в жертву интересам инфернальной военной машины [Meszaros 2010: 686].

Предоставленный самому себе, капитализм не в состоянии разрешить эти противоречия. Социализм как жизнеспособное общественное движение должен будет устранить существующие различия между разными социальными слоями путем включения недопущенных. Он отвергает ограниченную полезность людей и ресурсов, оцениваемых только с точки зрения производства капитала.

Капитализм воспроизводит свою дисфункциональность самыми разными способами, поскольку распространяется, отвергая все, что не имеет пользы для капитала. Капитализм, находясь только под контролем закона капиталистического накопления, бродит по планете бесконтрольно. Закон капиталистического воспроизводства не позволяет каким бы то ни было реформам вмешаться в этот процесс. Отсутствие успеха зеленого капитализма или капитализма без роста объясняется просто: им противостоит навязываемое капитализмом воспроизводство. По своей природе капитализм противостоит любым попыткам ограничить процесс собственного воспроизводства. Только рабочий класс является общественной силой, которая может преодолеть доминирование капитала, организовав слом процесса его накопления. Главная цель рабочего класса состоит в том, чтобы реализовать видение системной альтернативы контролю капитала над обществом. Конечным результатом будет полная реструктуризация общественного порядка.

Альтернативный капиталу способ регуляции общественного обмена должен также охватывать все дополнительные аспекты процесса общественного воспроизводства, от прямых производственных и распределенных функций до наиболее всеобъемлющих аспектов принятия политических решений [Meszaros 2010: 728].

Рост политического сознания рабочего класса представляет собой развитие рационализма, подвергающего сомнению иррациональное отчуждение труда и вечный товарный фетишизм.

Рабочий класс способен также прийти к рациональному осознанию того, что существует коллективное отчуждение труда от природы. Чтобы трудящиеся пришли к такому заключению, нужно понимание способа господства капитала над рабочим временем. Социализм совершит коренной переход к организации рабочего времени в соответствии с общественными потребностями. Капитализм, наоборот, господствует над рабочим временем, ставя труд под контроль абстрактных сил, таких как товарный фетишизм. Капитализм всегда находится в конфликте со временем, пытаясь реализовать невозможное — бесконечное накопление. Социализм понимает ограничения времени, используя его по необходимости и только для удовлетворения нужд рабочего класса. В результате это приводит социалистическую общественную систему к гармоничному отношению к земному времени. Добыча природных ресурсов происходит бережно, так, чтобы не навредить земному времени. Социально ориентированная организация рабочего времени исключает необходимость опустошать и грабить планету, подчиняясь объективным потребностям накопления капитала. Такое воссоединение социалистического общества в гармонии с окружающей средой лежит в основе теории экосоциализма, основной идеей которого является существование общественной системы в равновесии с природой. Расточительность капитала неприемлема для человечества, которое стремится быть в гармонии с окружающей средой и не разрушать ее. Функциональная рациональность экосоциализма состоит в том, что он поддерживает экологическое равновесие между человечеством и окружающей средой. Экосоциализм также рационален в том смысле, что в его основе лежит идея о взаимозависимости человечества и экосистемы. Капитализм, находясь в погоне за ресурсами и накоплением капитала, не способен учесть эту взаимозависимость. Экосоциализм — результат социальной трансформации общества, создающей переход от меновой стоимости к потребительской. Это понимание того, что все живые существа могут сосуществовать друг с другом в контексте общества и экосистемы. Дальнейшее движение на пути к цивилизованному существованию предполагает осознание базового принципа, а именно — необходимости гармоничного сосуществования общественной системы с глобальной экосистемой. В конечном счете экосоциализм измеряет общее качество жизни с точки зрения того, что улучшает человеческую жизнь и жизнь планеты.

Переход к социалистической общественной системе не исключает взаимодействие человека и окружающей среды посредством технологий. Вопрос состоит в том, насколько рациональны используемые технические средства и насколько эффективно они позволяют извлекать необходимое из природы. В капиталистической общественной системе машинные технологии становятся просто средством накопления капитала. Полезность того или иного метода оценивается с точки зрения скорости и эффективности в отношении оборота капитала. Очевидными недостатками использования ряда методов для извлечения ресурсов из природы являются недальновидность, отсутствие понимания того, что никакие методы не смогут полностью завоевать природу. Самые стремительные и эффективные методы разрушают физический мир.

Наука говорит об ограниченных способностях окружающей среды адаптироваться к насильственному и разрушительному извлечению ресурсов при ускорении изменения климата. Технологии, ориентированные на время, становятся мерилом эффективности накопления капитала. Выражение «Время — деньги» применимо к процессу максимизации прибыли за счет повышения эффективности машинных технологий. Искусственная жизнь машинной культуры капитализма противопоставлена естественной жизни окружающей среды. Способность машинных технологий преодолевать любые физические барьеры, создаваемые окружающей средой, делает эти технологии основным средством расширения капитала за счет разрушительного преобразования окружающей среды.

При капитализме единственной целью технологий является воспроизводство капитала. Роль технологии в капитализме заключается в фиксации объекта, выраженной в постоянно растущем производстве товаров в течение определенного периода.

Напротив, технологии, для которых это не единственная цель, могут решить проблему изменения климата. В рамках социализма и в отсутствие воспроизводства капитала такие технологии учитывают потребности человека в соответствии с реорганизацией моделей производства и потребления и исключают бесконечное потребление, которое не удовлетворяет потребностям человека. Инновационные технологии при социализме будут заключаться в изобретении технических средств, позволяющих человечеству существовать в гармонии с природой. Социалистические технологии станут демократическими, потому что не будут находиться в частных руках. Общественная собственность приводит к демократическим решениям в отношении производства и распространения технологий. Существует множество возможностей для инноваций в сфере контроля над использованием технологий, осуществляемого со стороны рабочих. Поиск средств для борьбы с изменением климата и обращения процесса вспять без дальнейшего разрушения потребует инновационных решений.

Давайте вспомним концепцию, использованную Мамфордом. Масштабные технологии в виде мегамашин позволяют захватывать ограниченные ресурсы на больших площадях природного пространства с целью регенерации капитала. На заре промышленного капитализма целью технологий, представленных в форме все более крупных машин, было получение большего количества ресурсов на все более далеких расстояниях. Высшим мерилом мегамашин является ценность, связанная с присвоением ограниченных ресурсов в постоянно расширяющихся масштабах.

Когда безграничная добыча ресурсов с использованием технических средств сталкивается с ограниченностью ресурсов планеты, возникает противоречие. Одержимость постоянным изобретением новых мегамашин встроена в процесс воспроизводства и расширения возможностей капитала. Идеология капитализма ошибочно приравнивает увеличение числа технологий к развитию человеческой цивилизации, а постоянно расширяющиеся технологические инновации — к человеческому прогрессу. Такой подход приводит к эффекту ускорения изменения климата в планетарном масштабе. Тем временем технологии создаются и воссоздаются. Особых сомнений в их необходимости для общества не возникает — их считают просто более эффективными. Полезность новой технологии — это способ получить согласие на постоянно растущее массовое потребление. Неадекватное и расточительное использование имеющихся ресурсов потворствует маниакальному стремлению к росту и захвату дополнительных ресурсов.

Технология, предлагаемая социализмом, наоборот, стремится быть в гармонии с планетой и предполагает отказ от производства и воспроизводства мегамашин. Необходимо уменьшить масштабы и эффективность методов насильственного извлечения ресурсов. Нужна политика, которая снизит роль и значение технологий, используемых для завоевания Земли, а также разработка методов, отражающих социальные потребности демократически ориентированного рабочего класса. Необходимо внедрение форм демократического планирования со стороны трудящихся для планирования и оценки взаимодействия с окружающей средой с точки зрения политики, не ориентированной на массовую добычу ископаемого топлива.

Социалистические социальные системы, в принципе, не должны отказываться от роста. Вопрос лишь заключается в том, какой рост не наносит серьезного вреда окружающей среде. Рост при социализме — это хорошо продуманные решения, которые делают цивилизованное существование совершеннее, удовлетворяя общественные потребности, не обусловленные максимизацией прибыли. Социалистические системы создадут глобальную политику, которая в отсутствие капитала сгладит различия между развитыми, развивающимися и слаборазвитыми странами. Своеобразная переработка и перемещение материальных ресурсов по всему миру сведут к минимуму негативное воздействие на климат. Это сильно отличается от глобального капитализма, который навязывает взаимодействие между странами в виде дарвиновской борьбы за выживание наиболее приспособленных, когда несколько государств объявляют монополию на скудные ресурсы.

Цель глобальных социалистических систем — обеспечение качественного роста в рамках рациональной политики, в которой приоритет отдается потребностям людей, а не насильственному извлечению природных ресурсов ради получения прибыли. Запланированный рост за пределами национальных границ предполагает тщательное продумывание способа, как использовать ограниченные природные ресурсы без их полного уничтожения. При социализме рост происходит внутри общественной системы и руководствуется моделью развития человеческого потенциала, согласно которой политика ориентирована на использование уже имеющихся ресурсов более продуктивно, для обеспечения всего, что необходимо для нравственного и справедливого общества. В политике, ориентированной на будущее и разработанной рабочими, которые стремятся предотвратить вред для общества, происходит фундаментальная смена приоритетов. Именно здесь на смену иррациональному диктату капитала приходит рациональное планирование. Ограничение вреда окружающей среде означает реализацию политики, которая стремится отказаться от расточительных технологий. Если производить долговечные товары, созданные не по принципу запланированного устаревания, то добыча природных ресурсов будет сведена к минимуму. Предметы с более длительным сроком службы дадут окружающей среде больше времени для пополнения естественных ресурсов.

При отсутствии воспроизводства капитала социалистическая технология предоставляет больше возможностей для изобретательства и творчества, одновременно она ищет способ избежать вреда для общества и окружающей среды. Этот мыслительный процесс, отвергающий бесконечное потребление и продвигающий более низкие темпы потребления, послужит нивелированию социальных различий. В обществе с крайним имущественным и классовым неравенством более низкий уровень потребления позволяет наиболее справедливо удовлетворять социальные потребности за счет устранения рынка, максимизирующего дефицит. Тем самым общество становится более справедливым и гармоничным.

Согласно недавним научным данным о перспективах изменения климата, капитализм ускорит разрушительный этап. Это лишь вопрос времени. Человечество не может продолжать идти по этому пути. Иррациональности капитализма может быть противопоставлена рациональная альтернатива «создания демократической экосоциалистической мировой системы как реальной утопии, как средства создания не только безопасного климата, но и более социально справедливого, демократического и в целом устойчивого мирового сообщества» [Baer 2018: 257].

Нельзя отрицать, что путь к экосоциализму будет борьбой нескольких поколений. Возможно, все сводится к тому, откажется ли человечество со временем от иррациональности капитализма, двинется ли оно к рациональности экосоциалистической системы. Такая система должна была бы принять форму благоприобретенной коллективной рациональности, которая зависела бы от всеобъемлющей трансформации существующих политических и социальных институтов, поддерживаемых различными сегментами общества. Приобретенная рациональность может развиваться как революционное сознание в направлении конкретных политических мер, которые уменьшают вред, причиняемый капитализмом. Снижение вреда для общества расширяет права и возможности масс и повышает ожидания. Массам необходимо увидеть преимущества политики, разрушающей капитализм. Эта конструктивная политика направлена на уменьшение социального и экологического вреда. Хотя такая политика и является реформаторской, она менее разрушительна для окружающей среды. Это, например,

> резкое и обязательное сокращение выбросов парниковых газов, разработка экологически чистых источников энергии, создание обширной системы бесплатного общественного транспорта, постепенная замена грузовиков поездами, создание программ по очистке от загрязнения и отказ от ядерной энергии и военных расходов [Lowy 2015: 91].

Это просто примеры шагов в верном направлении. За такими постепенными шагами должны последовать более крупные системные преобразования, ведущие к социалистической общественной системе. Мышление, необходимое для революционного перехода к социализму, — развитая всеобъемлющая социальная рациональность, неотъемлемой частью которой является понимание взаимосвязи между человеком и природной средой. Экология определяет взаимодействие между экологическими и социальными системами. По мере того как климатический кризис набирает обороты, перед человечеством стоит задача понять универсальную идею о том, что человеческий вид может поддерживать цивилизованную жизнь, только находясь в гармоничном равновесии с глобальной экосистемой. Государства должны понять необходимость формирования глобального сознания, которое может привести к реструктуризации национальных и международных политических и экономических структур.

Осознание того, что накопление капитала разрушает планету, может подвигнуть людей на изобретательство и заставить общество усомниться в правильности организации концентрированной политической и экономической власти. Иррациональности капитализма с его упором на нерегулируемый рост, подрывающий качество окружающей среды, необходимо противопоставить транснациональные решения, выходящие за границы отдельных стран. В различных соглашениях по климату такие транснациональные меры признаются без энтузиазма. У этих соглашений есть общий недостаток: они не только предлагают неадекватные решения проблемы, но и поддерживают рост капиталистической экономики.

Глобальные общественные движения — средство заявить о конкретной транснациональной политике. Они начинают бороться с монополией элит, контролирующих и поддерживающих накопление капитала в планетарном масштабе. Общественные движения также поднимают вопросы о неравномерном развитии и о том, что глобальное распространение капитала связано с необходимостью постоянно создавать новые технологии. Накопление капитала за счет ископаемого топлива разделило планету по классовому признаку. Богатые и те, у кого есть капитал, могут приспособиться к изменению климата, поскольку у них имеются ресурсы для поддержания повышенных стандартов жизни. Они противостоят жертвам изменения климата — всем остальным, особенно бедноте, живущей в развитом и развивающемся мире.

Из-за изменения климата меняются погодные условия, растет количество инфекционных заболеваний, отсутствует продовольственная безопасность, не хватает воды, снижается урожайность. Иррациональный капитализм опустошает землю, забирая драгоценные ограниченные ресурсы, что приводит к разрушениям и социальным бедствиям. Неустанное стремление к накоплению порождает моральное безразличие к размаху и масштабу человеческих страданий. Ценность человеческой жизни измеряется вкладом в производство капитала.

> По мере грабежа капитализм превращает население не просто в относительно избыточное, а в абсолютно избыточное для нужд капитала, занятого получением прибыли. Все большая часть населения становится не нужной ни как производители, ни как потребители [Angus 2016: 187].

Избыточное население отодвинуто в сторону, брошено на произвол судьбы и лишено самого необходимого для жизни, поскольку накопление капитала безразлично к человеческим страданиям. С ростом глобального дефицита и усилением общественных разногласий тяжелые условия жизни во многих частях земного шара создают предпосылки для геноцидных практик.

Поскольку климат продолжает ухудшаться, преодоление глобальных разногласий и движение к экосоциализму становятся объективной необходимостью. Это процесс преодоления разрушения в сторону созидания. Нужно обратить вспять действия капитала, стремящегося к экоциду. Вот почему экосоциализм должен быть глобальным движением: он должен защищать окружающую среду независимо от порядков в отдельных странах. Но экосоциализм не является неизбежностью. В этой книге изложены возможные предварительные условия. Тем не менее, по словам Нельсона Манделы, «все кажется невозможным, пока не будет сделано». Чтобы экосоциализм развивался, он должен начаться как классовая борьба. Люди должны понять, что на карту поставлено уничтожение цивилизованного существования. Это исторический процесс. Как писал Маркс: «Люди сами делают свою историю, но они ее делают не так, как им вздумается, при обстоятельствах, которые не сами они выбрали, а которые непосредственно имеются налицо, даны им и перешли из прошлого» [Маркс 1957а: 119]. Человечество проживает изменение климата в своего рода анабиозе, оцепенении, которое развязывает руки капиталу, его жестоким и разрушительным нападкам на окружаю среду.

Однако, поразмыслив, нетрудно сделать вывод о том, что необходимо предпринять, чтобы прийти к такой форме экосоциализма, которая сможет остановить разрушение планеты. Дэвид Харви предлагает основу для действий, необходимых для противодействия разрушительному движению капитала и постановки рациональных и моральных целей для общего блага, связанного с экосоциализмом. Глобальные социальные движения могут разработать курс действий, направленный на устранение и уменьшение социального и экологического вреда. В коалиции классовых, расовых и гендерных интересов классовые интересы являются связующим звеном: они направляют коалицию против общественного воспроизводства капитала. Воспроизводство капитала выражается в том, что создание и воссоздание классовых различий поддерживают систему господства над трудом и природой. Господство классовой структуры воссоздает воспроизводство капитала. Общественные движения, мотивированные рациональными моральными императивами, будут стремиться противостоять изменению климата и отчасти стараться покончить с классовым господством. Для рабочего класса открывается историческая возможность, если он обретет понимание связи экологического кризиса с продолжающимся кризисом капитализма, стремящегося воспроизводить капитал.

Необходимо движение, которое могло бы использовать исторический момент, когда каждый из кризисов — кризис капиталистического накопления и экологический кризис — достигает апогея. Не исключено, что в ответ на продолжающийся кризис накопления по всему миру будут приниматься более экстремальные экологические меры. При любой возможности необходимо связывать вопросы экологии с тем, что важно для рабочего класса. Чтобы противостоять изменению климата, необходим больший контроль со стороны работников общественных институтов. Политика рабочего класса совпадает с политикой окружающей среды. Для рабочих движений во многих частях мира не секрет, что эксплуатация труда связана с эксплуатацией окружающей среды.

Невозможно не замечать глобальную деградацию окружающей среды, поскольку снижение качества жизни рабочего класса идет одновременно с увеличением дисфункциональности природной среды. Может показаться, что капитализм по сравнению с прошлым стал лучше, что он обладает большей рациональностью. Маркс определяет эту видимость рациональности как в конечном счете инструментальную рациональность, которую Йозеф Шумпетер называет «созидательным разрушением», а Иштван Месарош, наоборот, «деструктивным созиданием». В основе инструментальной рациональности лежит личный интерес, который мотивирует на воспроизводство капитала.

В социалистической альтернативе заложен гуманизм, направленный на достижение общественной системы с рациональными моральными целями. Переход к социализму в виде революционного изменения системы создает предпосылки для экологической революции. Если капитализм игнорирует функциональную рациональность, созидающую гармонию природы, движение за создание экосоциализма отказывается от накопления капитала, растущего за счет окружающей среды. Вместо этого экосоциализм стремится создать систему, соответствующую гармонии природного мира. Эта социалистическая гармония проявляется как сочетание разума и чувства при отсутствии классовых различий, как стремление к достижению общих нравственных целей. Экологический кризис — это кризис человечества при капитализме, нарушающем экологию планеты и стремящемся накапливать капитал, преодолевая периодические кризисы. Таким образом, точно так же, как двигателем капитализма являются кризисы, так и сам капитализм приводит к экологическим кризисам.

Капитализм — это система, которая ограничивает разум и превозносит страсть, чтобы они функционировали в сочетании с абстрактной реальностью капитала. Напротив, социализм допускает положительную связь между разумом и страстью, отвергая классовое общество с его инструментальным рациональным и социальным дарвинизмом. В результате социализм возвышает и разум, и страсть. Направленные на достижение общих моральных целей, они могут действовать на общее благо. Единство разума и страсти при отсутствии капитала и классовых различий есть положительное преодоление отчужденного труда капитализма. Это равносильно восстановлению утраченной при капитализме человечности. В социалистическом общественном строе разум и страсть находятся в гармонии и руководствуются целью максимально не навредить обществу. При социалистическом строе, в отличие от капиталистического, труд действительно свободен, а не отчужден из-за того, что ведет к воспроизводству капитала. Свободный труд осознанно признает пределы для воспроизводства, что, в свою очередь, порождает понимание того, что пределы для воспроизводства есть и у природы. Если не переступать границ воспроизводства для труда и для природы, то возможно гармоничное равновесие между человечеством и природой, представляющее рациональный и моральный процесс. Больше нет капиталистических разрушительных и несбалансированных отношений человека и природы, когда меновая стоимость — единственная величина для измерения максимизации прибыли. Она заменяется ценностью потребительной стоимости. Меновая стоимость стремится выйти за пределы любых социальных и естественных ограничений, необходимых для воспроизводства капитала, она нарушает баланс жизнеутверждающей природной деятельности. Навязчивая идея переделать капитал, нападающий на окружающую среду, высвобождает иррациональные разрушительные силы. Напротив, процесс общественного воспроизводства в социалистической системе через производство потребительной стоимости может восстановить разорванные между природой и человечеством отношения. Общественный контроль со стороны рабочего класса и управление им производственным процессом для общих нужд лежат в основе формирования сознания, позволяющего рабочему классу осуществлять общественный контроль, находить и применять меры, не разрушающие мир природы.

Капитализм развивается и расширяет свое глобальное присутствие, а его непрерывный рост на фоне неограниченной добычи природных ресурсов становится неустойчивым ростом. Ситуация несовместима с экологией планеты. Экосоциализм, напротив, вдохновлен целью создания неразрушающего устойчивого развития. При экосоциализме рост — это прежде всего не материальный рост, а материализм, связанный с коллективными потребностями, поддерживающими цивилизованное существование. Все взаимодействия с окружающей средой служат для ее поддержания и минимизации наносимого ей вреда.

Библиография

Аристотель 2021 — Аристотель. Метафизика; Политика; Поэтика; Риторика: трактаты / пер. с др.-греч. В. Аппельрота, С. Жебелёва, А. Кубицкого, Н. Платоновой. СПб.: Азбука, 2021.

Баран 1960 — Баран П. К экономической теории общественного развития / пер. с англ. В. Л. Кона и И. А. Соколова. М.: Издательство иностранной литературы, 1960.

Беккер 2023 — Беккер Э. Отрицание смерти / пер. с англ. А. В. Еры-калина. М.: АСТ, 2023.

Бентам 1998 — Бентам И. Введение в основания нравственности и законодательства / пер. с англ. Б. Г. Капустина. М.: РОССПЭН, 1998.

Берман 2020 — Берман М. Все твердое растворяется в воздухе. Опыт модерности / пер. с англ. В. Федюшина, Т. Беляковой. М.: Горизонталь, 2020.

Бродель 2007 — Бродель Ф. Материальная цивилизация, экономика и капитализм, XV–XVIII вв. Том I: Структуры повседневности: возможное и невозможное / пер. с фр. Л. Е. Куббеля. М.: Весь мир, 2007.

Лефевр 2015 — Лефевр А. Производство пространства / пер. с фр. И. К. Стаф. М.: Strelka Press, 2015.

Мамфорд 2001 — Мамфорд Л. Миф машины. Техника и развитие человечества / пер. с англ. Т. Азаркович, Б. Скуратова (1 глава). М.: Логос, 2001.

Маркс 1957а — Маркс К. Восемнадцатое брюмера Луи Бонапарта // Маркс К., Энгельс Ф. Соч., изд. 2-е, т. 8. М., 1957. С. 115–217.

Маркс 1957б — Маркс К. К критике политической экономии // Маркс К., Энгельс Ф. Соч., изд. 2-е, т. 13. М., 1957.

Маркузе 1995 — Маркузе Г. Эрос и цивилизация / пер. с англ. А. А. Юдина. К.: ИСА, 1995.

Ницше 2005 — Ницше Ф. Воля к власти / пер. с нем. Е. Герцык и др. М.: Культурная Революция, 2005.

Руссо 1998 — Руссо Ж.-Ж. Об общественном договоре. Трактаты / пер. с фр. М.: КАНОН-пресс, Кучково поле, 1998.

Сингер 2009 — Сингер П. Освобождение животных / пер. с англ. А. Коробейникова. М.: Синдбад, 2021.

Фрейд 1991 — Фрейд З. Недовольство культурой // Фрейд З. Психоанализ. Религия. Культура / пер. с англ. А. М. Руткевича. М.: Ренессанс, 1991. С. 65–134.

Фрейре 2018 — Фрейре П. Педагогика угнетенных / пер. с англ. И. Пивень, М. Мальцевой-Самойлович. М.: КоЛибри, 2018.

Фромм 2022а — Фромм Э. Бегство от свободы / пер. с англ. А. В. Александровой. М.: АСТ, 2022.

Фромм 2022б — Фромм Э. Здоровое общество / пер. с англ. Т. Банкетовой, С. Карпушиной. М.: АСТ, 2022.

Эллюль 2023 — Эллюль Ж. Феномен пропаганды / пер. с фр. Г. Шариковой. СПб.: Алетейя, 2023.

Alinsky 1969 — Alinsky S. Rules for Radicals. New York: Vintage Books, 1969.

Alvarez 2017 — Alvarez A. Unstable Ground: Climate Change, Conflict and Genocide. New York: Rowman & Littlefield, 2017.

Aly 1999 — Aly G. Final Solution: Nazi Population Policy and the Murder of European Jews. New York: Arnold Press, 1999.

Amin 1974 — Amin S. Accumulation on a World Scale. New York: Monthly Review Press, 1974.

Amin 2013 — Amin S. The Implosion of Contemporary Capitalism. New York: Monthly Review Press, 2013.

Angus 2016 — Angus I. Facing the Anthropocene: Fossil Capitalism and the Crisis of the Earth System. New York: Monthly Review Press, 2016.

Anievas, Nisancioglu 2015 — Anievas A. and Nisancioglu K. How the West Came to Rule: The Geopolitical Origins of Capitalism. London: Pluto Press, 2015.

Aristotle 1958 — Aristotle. The Politics. New York: Oxford University Press, 1958.

Arne 2016 — Arne J. V. The Denial of Nature: Environmental Philosophy in the Era of Global Capitalism. New York: Routledge Press, 2016.

Arrighi 1994 — Arrighi G. The Long Twentieth Century. London: Verso Press, 1994.

Baer 2018 — Baer H. Democratic Eco-socialism as a Real Utopia. New York: Berghahn Books, 2018.

Baran 1957 — Baran P. The Political Economy of Growth. New York: Monthly Review Press, 1957.

Becker 1997 — Becker E. The Denial of Death. New York: The Free Press, 1997.

Bentham 1952 — Bentham J. Handbook of Political Fallacies. Baltimore: Johns Hopkins Press, 1952.

Berman 1982 — Berman M. The Experience of Modernity: All That Is Solid Melts into Air. New York: Simon & Schuster, 1982.

Braverman 1974 — Braverman H. Labor and Monopoly Capital: The Degrading of Work in the 20th Century. New York: Monthly Review Press, 1974.

Brown 1985 — Brown N. Life Against Death: The Psychoanalytic Meaning of History. Middletown: Wesleyan University Press, 1985.

Burkett 2014 — Burkett P. Marx and Nature. Chicago: Haymarket Books, 2014.

Chertkowskaya et al. 2019 — Chertkowskaya E., Paulsson A., Barca S., eds. Towards a Political Economy of Degrowth. New York: Rowman & Littlefield, 2019.

Cipolla 2014 — Cipolla C. Before the Industrial Revolution. New York: W. W. Norton, 1994.

Clayton, Heinzeker 2014 — Clayton P. and Heinzeker J. Organic Marxism: An Alternative to Capitalism and Ecological Catastrophe. Claremont: Process Century Press, 2014.

Crosby 2004 — Crosby A. Ecological Imperialism: The Biological Expansion of Europe, 900–1900. Cambridge: Cambridge University Press, 2004.

Crutzen, Stoermer 2000 — Crutzen P. J. and Stoermer E. F. The Anthropocene // Global Change Newsletter. 2000. Vol. 41. P. 17–18.

De Jouvenal 1993 — De Jouvenal B. On Power. Carmel: Liberty Fund, 1993.

Duverger 1972 — Duverger M. The Study of Politics. New York: Springer Press, 1972.

Ellul 1973 — Ellul J. Propaganda: The Formation of Men's Attitudes. New York: Vintage Books, 1973.

Ewen 1976 — Ewen S. Captains of Consciousness: Advertising and the Social Roots of Consumer Culture. New York: McGraw-Hill Book Co., 1976.

Foster 1999 — Foster J. B. The Vulnerable Planet. New York: Monthly Review Press, 1999.

Foster 2009 — Foster J. B. The Ecological Revolution: Making Peace with the Planet. New York: Monthly Review Press, 2009.

Foster 2014 — Foster J. B. The Theory of Monopoly Capitalism. New York Monthly Review Press, 2014.

Foster 2018 — Foster J. B. Making War on the Planet: Geoengineering and Capitalism's Creative Destruction of the Earth // Monthly Review Online.

July 24, 2018. URL: https://mronline.org/2018/07/24/making-war-on-the-planet-geoengineering-and-capitalisms-creative-destruction-of-the-earth.

Foster 2020 — Foster J. B. Socialism and Ecology: The Return to Nature. New York: Monthly Review Press, 2020.

Foster, Burkette 2017 — Foster J. B. and Burkette P. Marx and the Earth. Chicago: Haymarket Books, 2017.

Foster, Clark 2020 — Foster J. B. and Clark B. The Robbery of Nature: Capitalism and the Ecological Rift. New York: Monthly Review Press, 2020.

Foster et al. 2010 — Foster J. B., Clark B. and York R. The Ecological Rift: Capitalism's War on the Planet. New York: Monthly Review Press, 2010.

Freire 1968 — Freire P. Pedagogy of the Oppressed. New York: Continuum Press, 1968.

Freud 1989 — Freud S. Civilization and Its Discontents. New York: Norton & Co., 1989.

Freud 2020 — Freud S. Beyond the Pleasure Principle. New York: Digireads. Comm Publishing, 2020.

Fressoz 2015 — Fressoz J. Losing the Earth Knowingly: The Anthropocene and the Global Environmental Crisis. Abington: Routledge Press, 2015.

Fromm 1947 —Fromm E. Man for Himself. New York: Rhinehart & Co., 1947.

Fromm 1955 — Fromm E. The Sane Society. New York: Henry Holt & Co., 1955.

Fromm 1969 — Fromm E. Escape from Freedom. New York: Owl Book, 1969.

Fromm 1973 — Fromm E. The Anatomy of Human Destructiveness. New York: Owl Book, 1973.

Gaylin 2003 — Gaylin W. Hatred: The Psychological Descent into Violence. New York: Perseus Group, 2003.

Hamilton et al. 2015 — Hamilton C., Bonneuil C. and Gemenne F., eds. The Anthropocene and the Global Environmental Crisis. New York: Routledge, 2015.

Harvey 1978 — Harvey D. The New Imperialism. New York: Oxford University Press, 2003.

Harvey 1996 — Harvey D. Justice, Nature and the Geography of Difference. London: Blackwell Publishing, 1996.

Harvey 2001 — Harvey D. Spaces of Capital: Towards a Critical Geography. New York: Routledge Press, 2001.

Harvey 2014 — Harvey D. Seventeen Contradictions and the End of Capitalism. New York: Oxford University Press, 2014.

Harvey 2018 — Harvey D. Limits of Capital. Oxford: Basal Blackwell, 2018.

Harvey 2019 — Harvey D. Spaces of Global Capitalism: A Theory of Uneven Geographical Development. New York: Verso Press, 2019.

Heller 1974 — Heller A. The Theory of Need in Marx. London: Allison and Busby, 1974.

Hobbes 1978 — Hobbes T. Leviathan. New York: Penguin Books, 1978.

Hofstadter 1965 — Hofstadter R. The Paranoid Style in American Politics. Cambridge: Harvard University Press, 1965.

Kellman, Hamilton 1989 — Kellman H. and Hamilton L. Crimes of Obedience. New Haven: Yale University Press, 1989.

Kiel 2019 — Kiel R. The Looming Accelerant: The Growing Links Between Climate Change, Mass Atrocities and Genocide // Platform on Global Security, Justice & Governance Innovation. July 9, 2019. URL: https://www.platformglobalsecurityjusticegovernance.org/the-looming-accelerant-the-growing-links-between-climate-change-mass-atrocities-and-genocide/.

Klein 2014 — Klein N. This Changes Everything: Capitalism versus the Climate. New York: Simon & Schuster, 2014.

Klein 2019 — Klein N. On the Case for the New Green Deal. New York: Simon & Schuster, 2019.

Koch 2012 — Koch M. Capitalism and Climate Change. New York: Palgrave Macmillan, 2012.

Kovel 2019 — Kovel J. The Emergence of Ecosocialism. New York: Two Leaf Press, 2019.

Lefebvre 1991 — Lefebvre H. The Production of Space. Boston: Blackwell Publishing, 1991.

Lefebvre 2019 — Lefebvre H. Rhythmanalysis: Space, Time and Everyday Life. New York: Bloomsbury Publishing, 2019.

Lewis, Maslin 2018 — Lewis S. and Maslin M. The Human Planet: How We Created the Anthropocene. New York: Penguin Books, 2018.

Lowy 2015 — Lowy M. Ecosocialism: A Radical Alternative to Capitalist Catastrophe. Chicago: Haymarket Books, 2015.

Machiavelli 1973 — Machiavelli N. The Prince. New York: Penguin Books, 1973.

Magdoff 1978 — Magdoff H. Imperialism: From the Colonial Age to the Present. New York: Monthly Review Press, 1978.

Malm 2016 — Malm A. Fossil Capitalism: The Rise of Steam Power and Global Warming. London: Verso Press, 2016.

Marcuse 1966 — Marcuse H. Eros and Civilization. Boston: Beacon Press, 1966.

Marcuse 1969 — Marcuse H. An Essay on Liberation. Boston: Beacon Press, 1969.

Marcuse 1972 — Marcuse H. Counterrevolution and Revolt. Boston: Beacon Press, 1972.

Marx 1964 — Marx K. The Economic and Philosophic Manuscripts of 1844. New York: International Publishers, 1964.

Marx 1973 — Marx K. Grundrisse. New York: Vintage Books, 1973.

Marx 1976 — Marx K. Capital. New York: Vintage Books, 1976.

Marx 1978 — Marx K. The German Ideology. New York: International Publishers, 1978.

Matthews 2021 — Matthews F. The Ecological Self. New York: Routledge Press, 2021.

McNeil, Engelke 2014 — McNeil J. K. and Engelke P. The Great Acceleration: An Environmental History of the Anthropocene since 1945. Cambridge: Harvard University Press, 2014.

Morrison 2016 — Morrison J. Air Pollution Goes Back Way Further than You Think // Smithsonian. January 11, 2016. URL: https://www.smithsonianmag.com/science-nature/air-pollution-goes-back-way-further-you-think-180957716/.

Memmi 1968 — Memmi A. Dominated Man. New York: Orion Press, 1968.

Memmi 2000 — Memmi A. Racism. Minneapolis: University of Minnesota Press, 2000.

Meszaros 2001 — Meszaros I. Socialism or Barbarism. New York: Monthly Review Press, 2001.

Meszaros 2008 — Meszaros I. The Challenge and Burden of Historical Time: Socialism in the 21st Century. New York: Monthly Review Press, 2008.

Meszaros 2009 — Meszaros I. The Structural Crisis of Capital. New York: Monthly Review Press, 2009.

Meszaros 2010 — Meszaros I. Beyond Capital: Toward a Theory of Transition. New York: Monthly Review Press, 2010.

Meszaros 2015 — Meszaros I. The Necessity of Social Control. New York: Monthly Review Press, 2015.

Moore 2015 — Moore J. Capitalism in the Web of Life. London: Verso Press, 2015.

Nietzsche 1968 — Nietzsche F. The Will to Power. New York: Vintage Books, 1968.

Pachirat 2011 — Pachirat T. Every Twelve Seconds: Industrialized Slaughter and the Politics of Sight. New Haven: Yale University Press, 2011.

Pappas 2012 — Pappas S. Nine Percent of Today's Warming Caused by Preindustrial People. July 3, 2012. URL: https://www.livescience.com/21378-global-warming-preindustrial-revolution.html.

Patterson 2002 — Patterson C. Eternal Treblinka: Our Treatment of Animals and the Holocaust. New York: Lantern Books, 2002.

Plato 1945 — Plato. The Republic. New York: Oxford University Press, 1945.

Rahneema 2017 — Rahneema S. The Transition to Socialism. New York: Palgrave Macmillan, 2017.

Rifkin 2019 — Rifkin J. The Green New Deal. New York: St. Martin's Press, 2019.

Rousseau 1973 — Rousseau J. J. The Social Contract. New York: Dutton Books, 1973.

Saoto 2017 — Saoto K. Karl Marx's Ecosocialism. New York: Monthly Review Press, 2017.

Sambursky 1963 — Sambursky S. The Physical World of the Greeks. London: Routledge & Kegan Paul, 1963.

Scranton 2015 — Scranton R. Learning to Die in the Anthropocene: Reflections on the End of Civilization. San Francisco: City Lights Books, 2015.

Singer 1975 — Singer P. Animal Liberation. New York: Avon Books, 1975.

Smith 1990 — Smith N. Uneven Development: Nature's Capital and the Production of Space. Athens: University of Georgia Press, 1990.

Stearns 2013 — Stearns P. The Industrial Revolution and World History. Boulder: Westview Press, 2013.

Stone 1977 — Stone L. Family, Sex and Marriage in England in 1500–1800. L., 1977.

Streeck 2016 — Streeck W. How Will Capitalism End?: Essays on a Failing System. New York: Verso Press, 2016.

Stuart et al. 2020 — Stuart D., Gunderson R., Peterson B. Climate Change Solutions: Beyond the Capital-Change Contradiction. Ann Arbor: University of Michigan Press, 2020.

Taylor 1986 — Taylor P. Respect for Nature: A Theory of Environmental Ethics. Princeton University Press, 1986.

Taylor 2003 — Taylor P. Munitions of the Mind: A History of Propaganda from the Ancient World to the Present Day. New York: Manchester University Press, 2003.

The Climate Report 2018 — The Climate Report: The National Climate, Assessment Impacts, Risks and Adaptation in the United States. New York: Melville House, 2018.

Wade 2015 — Wade L. Ice Core Suggests Humans Damaged the Atmosphere Long Before the Industrial Revolution // Science. February 9, 2015. URL: https://www.sciencemag.org/news/2015/02/ice-core-suggests-humans-damaged-atmosphere-long-industrial-revolution.

Wallerstein 2011 — Wallerstein I. Historical Capitalism. London: Verso Press, 2011.

Wallis 2018 — Wallis V. Red-Green Revolution: The Politics and Technology of Ecosocialism. Toronto: Political Animal Press, 2018.

Weintrobe 2021 — Weintrobe S. The Psychological Roots of the Climate Crisis. New York: Bloomsbury Academic, 2021.

Wells 2018 — Wells D. W. UN Says Climate Change Is Coming. It's Actually Worse Than That // New York Magazine. Oct. 10, 2018.

Wells 2020 — Wells D. W. The Uninhabitable Earth: Life After Warming. New York: Tim Duggan Books, 2020.

Weston 2014 — Weston D. The Political Economy of Global Warming. New York: Routledge, 2014.

Wolin 1960 — Wolin S. Politics and Vision. New York: Little Brown, 1960.

Wood 2017 — Wood E. M. The Origins of Capitalism. London: Verso Press, 2017.

Wright, Nyberg 2015 — Wright C. and Nyberg D. Climate Change, Capitalism and Corporations. Cambridge: Cambridge University Press, 2015.

Zimmer 2017 — Zimmer J., ed. Climate Change and Genocide. New York: Routledge Press, 2017.

Предметно-именной указатель

конструктивная 19, 20,
31–34, 148
Макиавелли о 22, 23
Платон о 16, 17, 19
экологическая 6
политические заблуждения 32;
см. Бентам Иеремия
прибавочная стоимость 29,
93–95, 98, 100–103, 109,
122, 124
принцип удовольствия 112; см.
Маркузе Герберт
природа 5–13, 16, 17, 24, 26,
28–30, 32, 50, 51, 62, 65, 67, 71,
83, 86, 88, 92, 96, 97, 101,
105–108, 112, 113, 115, 116,
120–124, 126, 133–137, 142–145,
149, 151–154
в отношении с трудом 29, 30,
107, 121–123, 143, 153
в отношении с человеком 5, 7,
9, 11, 12, 50, 51, 65, 83, 97, 121,
122, 144, 145, 149, 153
под влиянием накопления
капитала 30, 96, 106–108, 120,
121, 144
Программа ООН по окружаю-
щей среде (UNEP) 10, 57, 59
производство мяса 85, 86; см.
также выбросы парниковых
газов
промышленная революция 6, 7,
11, 36, 62, 63, 66, 69–72, 77,
91–97, 108, 114
в Англии 91, 92, 95
последствия для окружающей
среды, вызванные 36, 62, 63
промышленность 8, 51, 52, 71,
86, 95

энергетическая 51, 52
топливная 8, 52
мясная и молочная 86; см.
также выбросы парниковых
газов
пропаганда 33, 56, 57, 84, 109–111
интеграционная 110; см.
Эллюль Жак
использующая технологии 56,
109, 110
нацистская 84
реклама как форма 109–111

рабство 75, 76; см. также геноцид
в ГУЛАГе 82
в связи с колонизацией
Америки 66, 76, 84
во время английской революции 95
народов таино 76
разрушение окружающей среды
6, 9, 13, 15, 34, 45–47, 50, 51, 66,
73, 93, 97, 98, 100, 102, 104, 107,
108, 115, 120, 132–134, 136,
141, 150
из-за накопления капитала 13,
91, 93, 96, 98, 100, 102, 104, 107,
108, 120, 132, 133
и мораль 15, 73, 150, 151
и уничтожение человечества
50, 150
Ницше о 115
Рамочная конвенция ООН об
изменении климата 43–45
расизм 81, 119; см. также антисемитизм; дегуманизация
распространение болезней 65
рациональность 5–7, 15, 29–31,
34, 64, 65, 68, 130–133, 141, 143,

Оглавление

Научное издание

Эндрю Колин
ИРРАЦИОНАЛЬНОСТЬ КАПИТАЛИЗМА
И ИЗМЕНЕНИЕ КЛИМАТА
Перспектива альтернативного будущего

Директор издательства *И. В. Немировский*
Ответственный редактор *И. Белецкий*
Куратор серии *И. Климашова*
Заведующая редакцией *О. Петрова*

Дизайн *И. Граве*
Редактор *А. Батанова*
Корректор *А. Филимонова*
Верстка *Е. Падалки*

Подписано в печать 18.12.2023.
Формат издания 60 × 90 $^1/_{16}$. Усл. печ. л. 11,0.
Тираж 200 экз.

Academic Studies Press
1577 Beacon Street, Brookline, MA 02446 USA
https://www.academicstudiespress.com

ООО «Библиороссика».
198207, г. Санкт-Петербург, а/я № 8

Эксклюзивные дистрибьюторы:
ООО «Караван»
ООО «КНИЖНЫЙ КЛУБ 36.6»
http://www.club366.ru
Тел./факс: 8(495)9264544
e-mail: club366@club366.ru

Книги издательства можно купить
в интернет-магазине: www.bibliorossicapress.com
e-mail: sales@bibliorossicapress.ru

12+

Знак информационной продукции согласно
Федеральному закону от 29.12.2010 № 436-ФЗ